献给：
正在被青春期困惑的男生女生
希望你们能通过书中的恐龙故事，心领神会一些不便言说的秘密

杨杨和赵闯的恐龙物语

下一站也许更美好

杨杨／文　赵闯／绘
啄木鸟科学艺术小组作品

吉林出版集团有限责任公司　全国百佳图书出版单位

国际著名古生物学家
美国自然历史博物馆古生物部主任
啄木鸟科学艺术小组英文出版项目审稿人
马克·诺瑞尔博士为赵闯和杨杨系列作品所做的推荐序

（译文）

  我是一个古生物学家，在可能是世界上最好的博物馆里工作。不管是在蒙古科考挖掘，还是在中国学习交流，或只是在纽约研究相关数据，我的生活中总是充满了各种恐龙的骨头。恐龙已经不仅仅是我的兴趣，而是我生命的一部分，在这个地球的每一个角落陪伴着我一起学习、一起演讲、一起传授知识。

  许多科学家，都在一个封闭的环境中工作。复杂的数学公式，难以理解的分子生物化学，还有那些应用于繁复理论的数据……这是一个无论科学家们多努力也无法让普通人理解的工作环境，加上大多数科学家缺乏与公众交流的本领，无法让他们的研究成果以一种有趣而平易近人的方式表达出来，久而久之，人们开始产生距离感，进而觉得科学无聊乏味。恐龙却是一个特例：不管什么年龄层的人都喜欢恐龙，这就让恐龙成为大众科普教育的一个绝佳题材。

  这就是为什么赵闯和杨杨的工作如此重要。他们两位极具天赋、充满智慧，但他们并没有去做职业科学家。他们运用艺术和文字作为传递的媒介，把恐龙的科学知识普及给世界上的所有人——孩子，父母，祖父母，甚至其他科学领域的科学家们！

  赵闯的绘画、雕塑、素描以及电影在体现恐龙这种奇妙生物上已经达到了极高的艺术境界，他与古生物学家保持着紧密的联系，并基于最新的古生物科学报告以及论文进行创作。杨杨的文字已经超越了单纯的科普描述，她将幽默的故事交织于科普知识中，让其表现的主题生动而灵活，尤其适合小读者们进行自主阅读，发掘其中有趣的科学秘密。基于孩子们对恐龙这种生物的热爱，其他重要的科学概念，包括地理、生物、进化学都可以被快乐地学习。

  赵闯和杨杨是世界一流的科学艺术家，能与他们一起工作是我的荣幸。

推荐序原文

I am a paleontologist at one of the world's great museums. I get to spend my days surrounded by dinosaur bones. Whether it is in Mongolia excavating, in China studying, in New York analyzing data or anywhere on the planet writing, teaching or lecturing, dinosaurs are not only my interest, but my livelihood.

Most scientists, even the most brilliant ones, work in very closed societies. A system which, no matter how hard they try, is still unapproachable to average people. Maybe it's due to the complexities of mathematics, difficulties in understanding molecular biochemistry, or reconciling complex theory with actual data. No matter what, this behavior fosters boredom and disengagement. Personality comes in as well and most scientists lack the communication skills necessary to make their efforts interesting and approachable. People are left being intimidated by science. But dinosaurs are special- people of all ages love them. So dinosaurs foster a great opportunity to teach science to everyone by taping into something everyone is interested in.

That's why Yang Yang and Zhao Chuang are so important. Both are extraordinarily talented, very smart, but neither are scientists. Instead they use art and words as a medium to introduce dinosaur science to everyone from small children to grandparents- and even to scientists working in other fields!

Zhao Chuang's paintings, sculptures, drawings and films are state of the art representations of how these fantastic animals looked and behaved. They are drawn from the latest discoveries and his close collaboration with leading paleontologists. Yang Yang's writing is more than mere description. Instead she weaves stories through the narrative, or makes the descriptions engaging and humorous. The subjects are so approachable that her stories can be read to small children, and young readers can discover these animals and explore science on their own. Through our fascination with dinosaurs, important concepts of geology, biology and evolution are learned in a fun way. Zhao Chuang and Yang Yang are the world's best and it is an honor to work with them.

勇敢地面对孤独，便是又一季美好
——致读者朋友

许多多同学：

  你好！

  知道你因为爸爸妈妈调动工作的缘故，需要到另外一个城市上学，我和你一样，心里都充满了担心。不知道新的城市是什么样的，是不是也像你的家乡一样人很少，很安静，有一条你最喜欢的清澈的小河；不知道新同学好不好相处，他们会不会瞧不上你这个讲一口地方普通话的丫头；不知道你们会住在什么地方，是不是像你们家一样，夏天湿答答的，总是有很多蚊子，要妈妈提前准备好蚊香……所有的这一切都是未知的，心里难免会有一点点恐惧。

  可是你不得不离开熟悉的家乡，去往陌生的城市，你问我你该怎么办？

  记得许多年前，我也曾像你一样，不得不从南方小城来到北方的大城市。即便那时的我年龄已经大到足够掌控自己的生活，可是面对一无所知的未来，我依然内心充满惶恐。

  可最终，我还是选择了离开。

  你也许并不知道，你的恐惧并不是因为年纪还小，孤独这样的感觉其实与年龄无关。

  我想介绍一只小恐龙给你，他的名字叫作闪亮。闪亮是我创造的童话中的一个角色，因为一次偶然的机会，一位科学家把还被蛋壳包裹的他带到了未来世界——星岛乐园，从此，他就成了星岛乐园里唯一的一只恐龙。

  闪亮在星岛乐园里结识了很多好朋友，小熊叮咚、兔子莎莎、松鼠粒粒、耗子叽里、猴子咕噜、刺猬六六、河狸卡拉，这里没有为了生存而进行的战斗，每一天早晨，闪亮都会喝到摆放在桌子上的热腾腾的牛奶和吃到香喷喷的面包；这里也没有暴风骤雨的侵袭，每到风雨来临，闪亮就会坐在暖暖的壁炉前，一边看书一边吃坚果。闪亮在星岛乐园里过着幸福的生活，从没想过有一天他要离开。

可是生活就是这样，总会有各种各样的意外。

闪亮的离开是因为他要去找妈妈，他来到了未来世界，可他的妈妈却还生活在恐龙时代。在出发前，他也曾有过害怕，有过犹豫。因为想要返回恐龙时代并不是那么容易的一件事情，光是想想就知道前方的道路已经有无数危险在等待着他，而他现在只是一只习惯了安逸生活的恐龙，是一只还没长大、没经历过伤痛的恐龙，他能克服那些困难，顺利地找到妈妈吗？

经过再三思考，闪亮最终勇敢地决定离开现在的生活，和好朋友小熊叮咚一起踏上寻找妈妈的旅程。

果然，就像他预想的，这一路上他遇到了危险的大灰狼，凶猛的大鲨鱼，可怕的风暴，狡猾的外星人，可恶的大海盗，还有随时都能一口把他吞进肚子的大恐龙，但他凭借着自己的勇敢，和叮咚一起数次从险境中逃生，最终顺利到达了自己的家乡——白垩纪的北美洲。而当他见到妈妈的那一刻，他才知道过往所经历的这一切，都是值得的。

闪亮虽然是一个虚构的角色，可每当我需要为现实的生活做一些抉择，需要独自踏上一段旅程的时候，我总会想到他。一想起他那么弱小，却能笑对那么多困难，最终抵达美好的时候，我的内心就会充满力量。

人的一生会遇到各种各样的困境，它让我们陷入无限的尴尬、孤独与无助，就像现在你所感受到的一样。我们无法回避，能做的只有勇敢地面对。懂得放弃，选择改变，常常就是我们走出困境的最佳方法。

你瞧，我在你将要看到的这本书里写了好多好多这样的故事，那些恐龙们，它们因为各种各样的原因，都不得不选择放弃现有的生活，转而去寻找新的生活。它们都像你一样曾经彷徨、痛苦，但最终，它们都战胜了自己。

放弃和改变都需要莫大的勇气，因为在下一站美好到来的时候，我们都需要走过一段漫长的孤寂无助的路程。不过我知道，多多，你一定会像闪亮，还有书中的这些恐龙一样，勇敢向前！

2015 年 3 月　北京

目录

推荐序·····················08
致读者·····················11
本书涉及主要古生物化石产地分布示意图········16
本书涉及主要古生物地层年代示意图··········18

瓦尔盗龙艾米的夜晚···············21
寻找另一片丛林的黄河巨龙浦青··········25
寻觅食物的敏迷龙保罗··············26
追逐三角龙的霸王龙杰克·············29
被流放的大黑天神龙阿古拉············30
孤独的伶盗龙萨米················33
贵州龙里奇在三叠纪中期的某一个早晨·······37
西卡尼萨斯特鱼龙费曼家族出巡··········38
阿基里斯盗龙腾格尔的怒吼············40
迁徙中的梁龙弗里奥···············43
伊希斯龙卡达的决定···············46

贪恋过去的勒苏维斯龙格尔·················· 50

要去远方的欧罗巴龙马克·················· 53

勇敢逃生的西爪龙菲德林·················· 57

奔跑的四川龙吉亚·················· 61

恶灵龙那莎的新生·················· 64

蜥鸟盗龙科特的救命一餐·················· 68

在困境中依旧会微笑的天宇盗龙云飞·················· 74

异特龙卡尔的耐心等待·················· 78

浴火重生的彼得·················· 81

地磁变化·················· 84

索　引·················· 86

参考文献·················· 88

作者信息·················· 92

相关信息·················· 93

版权信息·················· 93

本书涉及主要古生物化石产地分布示意图

参考资料：世界地图
编绘机构：PNSO 啄木鸟科学艺术小组

地图分布区域色彩

- ⬚ 亚 洲
- ⬚ 欧 洲
- ⬚ 北美洲
- ⬚ 大洋洲

化石产地

- ●
- ●
- ●
- ●

声明：
本示意图仅为说明化石产地大概地理位置而设计，非各国精确疆域地图。

欧洲，德国

53　欧罗巴龙
Europasaurus Mateus et al., 2006

亚洲，印度

46　伊希斯龙
Isisaurus Wilson et Upchurch, 2003

欧洲，法国、英格兰

21　瓦尔盗龙
Variraptor Le Loeuff et Buffetaut, 1998

81　火盗龙
Pyroraptor Allain et Taquet, 2000

50　勒苏维斯龙
Lexovisaurus Hoffstetter, 1957

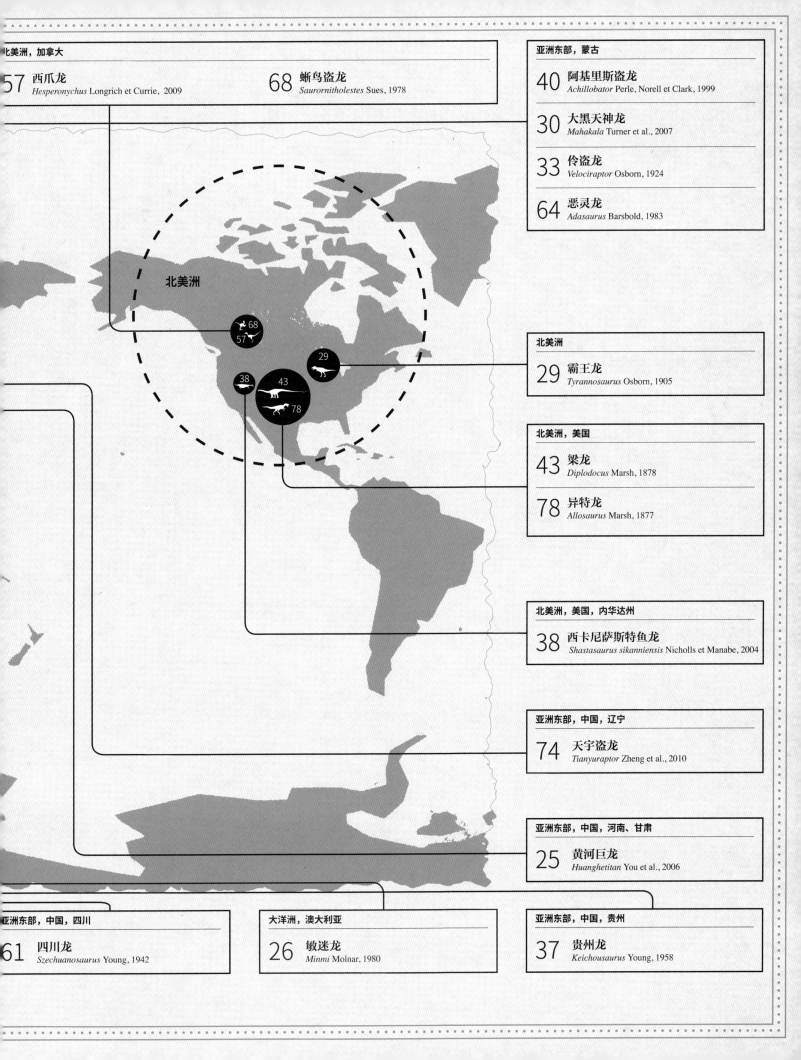

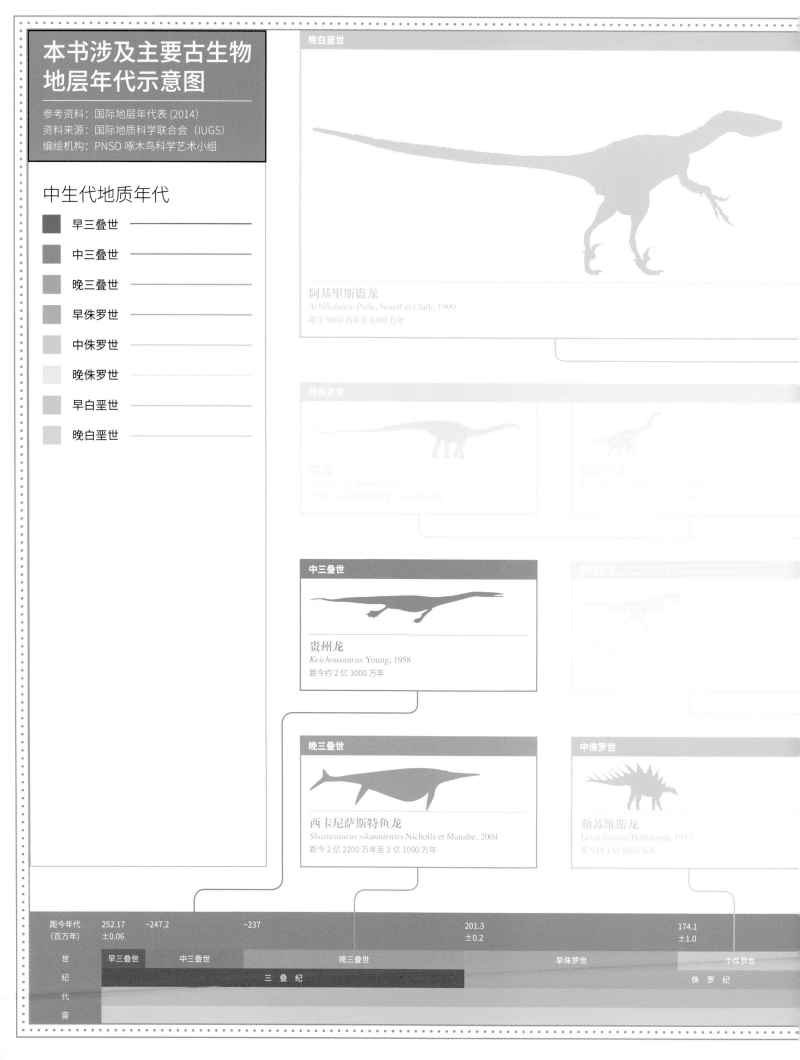

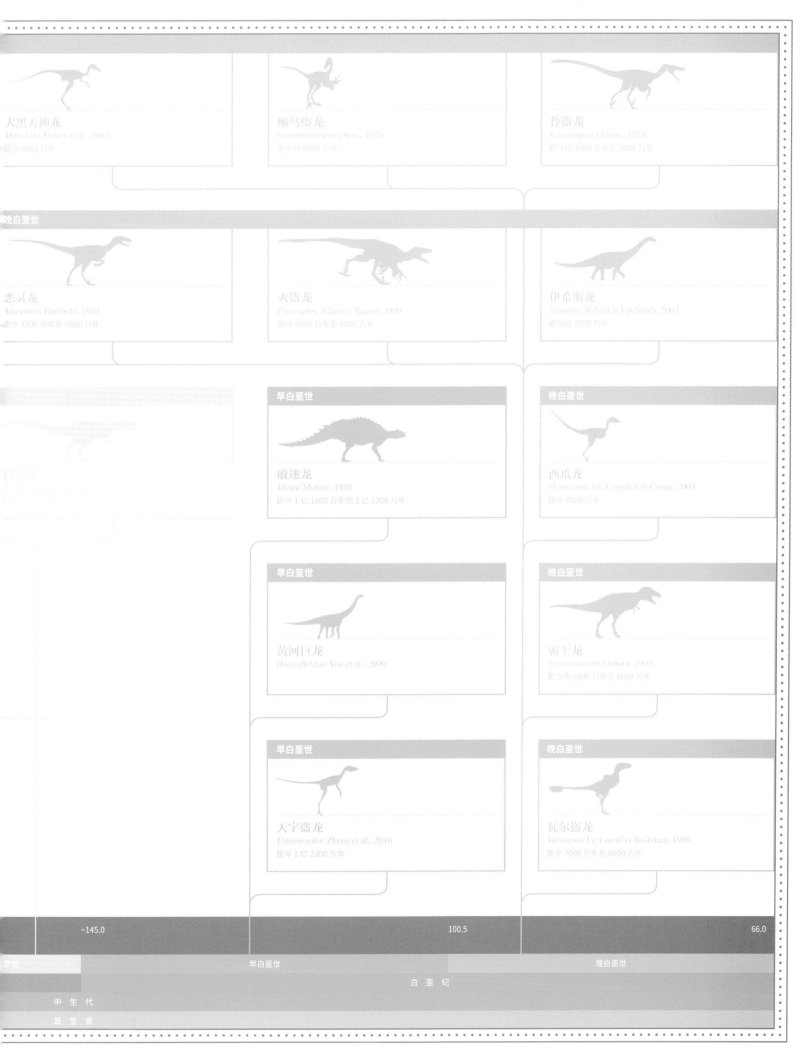

瓦尔盗龙艾米的夜晚

每一个寂静的夜晚对于瓦尔盗龙艾米来说，都像她生命的下一站，她永远猜不到站点等待她的会是什么。也正因为这样，她才更加渴望下一站的来临。

6800万年前，今天的法国南部。

这里的夜晚总是来得很晚，一直等到停留在天边的最后一抹朱红完全退到了山后，暮色才开始从山下升起，一波一波地向艾米涌来。先是盖住了远处的群山，然后又盖住了不远处那些高大挺拔的树木，再然后是近在眼前的那些鲜艳的花朵，最后，它连同艾米一起罩在了里面。

天空中干净的蓝色消失殆尽，转而披上了黛青色的罩衫。月亮开始露出了身子，一圈一圈的金色光晕，将周围黛青色的群山点亮了许多。漫天的星星安静地点缀在一旁，天空就像是一块刚刚浣洗过的轻纱，轻轻一拧，便能拧出白日里的阳光、空气和热闹。

夜晚的来临，是艾米世界的开始。

艾米独自站在低矮的灌木丛中，外表孤独，内心却狂热无比。她清空了身体里所有的声音和记忆，去感受寂静却丰富的夜晚。

忽然，就在艾米的不远处，传来了一群小家伙婉转动听的声音。他们的声音不知从哪一处开始，反正就像一股优雅的水流，随着流动的空气和涨落的微风慢慢向艾米靠近。水流在空气中走了很久，渐渐地分成了好几条细流，有高低、有起落、有顿挫、有蜿蜒，然后又在艾米的耳边，重新汇合。

艾米发出了少女般的笑声，因为她在流动的水流中听到了白日里各式各样有趣的事情：有恐龙捕食时的趣事，有恐龙漫步时的交谈，还有不知道谁在太阳下呼呼大睡的呼噜声。

寂静往往能让你听到更多的声音，此时的艾米就是如此。

随着夜的深入，丛林里的小家伙们渐渐停止了喧闹，进入了梦乡，艾米的耳朵又去寻找那些远处的声音了。

许许多多不同植物的叶子，在艾米的远处和着微风轻轻颤动，树叶碰撞树叶、枝条碰撞枝条，清脆的仿佛亿万年后田间的幼苗破土而出的声音。因为叶子太多，这种清脆的声音连绵不绝，像是潮水在不断地涨落。树枝成了海的中心，每一次颤动，都向四周的岸边涌出一朵一朵的浪花，传递给周围的枝叶，将白天吸收的阳光、养分沉淀到树干里、树根部，然后再拍打着向艾米涌来。

艾米吸了吸鼻子，那种特有的芬芳几乎占据了她整个身体。

夜越来越深，也越来越精彩。艾米不忍睡去，她依旧独自站在刚才的灌木丛中，内心却已不是之前的艾米。

当艾米认真地去倾听一个寂静的世界时，她才发现那是一个无比丰富而精彩的世界，是一个从未被发现和从未被感知的世界。也只有这时，艾米才觉得她找到了真正属于自己的世界！

艾米家族档案

学名：*Variraptor*
中文名称：瓦尔盗龙
类型：驰龙类
体型：体长约 2 米，高 0.5 米，体重约 20 千克
食性：肉食
生存年代：晚白垩世，距今 7000 万年至 6600 万年
化石产地：欧洲，法国、英格兰

寻找另一片丛林的黄河巨龙浦青

对动物来说，生命中最大的敌人就是饥饿。

大自然总会有无数次让他们挨饿的机会，而动物们压倒一切的任务就是与饥饿对抗。

1亿年前，今天的中国河南。

黄河巨龙浦青和他的同伴正在为填饱肚子而发愁，放眼望去，他们的领地已经空空荡荡。原本繁茂的大树只剩下了干枯的树干，大地上的生命似乎正在随着嫩叶的消失而消亡。在萧条的不远处就是一片郁郁葱葱的树林，然而，浦青和他的同伴却不能踏进那里半步。

这里有着严格的地域分界线，所有的居民都必须尊重，而破坏规则者所付出的都是鲜血甚至是生命的代价。

所以，真糟糕，为了充足的食物，浦青和他的同伴不得不要向远方迁徙。

唯一值得庆幸的是，一路上他们可以相互为伴，在困难面前他们并不孤单。

浦青家族档案

学名：*Huanghetitan*
中文名称：黄河巨龙
种类：蜥脚类
体型：体长25米，高7米，体重约50吨
食性：植食
生存年代：早白垩世
化石产地：亚洲东部，中国，河南、甘肃

寻觅食物的敏迷龙保罗

又是一个为了食物而四处奔波的故事,不同的主角只是为了再次向我们证明,在他们生存的时代,填饱肚子的理想高于一切伟大的愿望。

1亿1600万年前,今天的澳大利亚。

敏迷龙保罗游走在平原之上,四处寻找着低矮的蕨类。

虽然天气不错,雨水也不错,可那些该死的蕨类却不知道都隐藏到哪里去了。保罗一边低头寻找,一边咒骂着。

请别责怪他的粗鲁,要知道谁经过这么长时间的跋涉,并且是在饥肠辘辘的情况下,心情都会变得很糟糕。

不过好在一排排甲片和骨刺很好地将保罗从头到尾包裹起来,这些装备会让那些凶猛的食肉恐龙不敢轻易近他三尺,所以,在寻找食物的路上,他暂时不会遇到什么危险。

保罗家族档案
学名:*Minmi*
中文名称:敏迷龙
种类:甲龙类
体型:体长2米,高1米,体重约400千克
食性:植食
生存年代:早白垩世,距今1亿1800万年至1亿1200万年
化石产地:大洋洲,澳大利亚

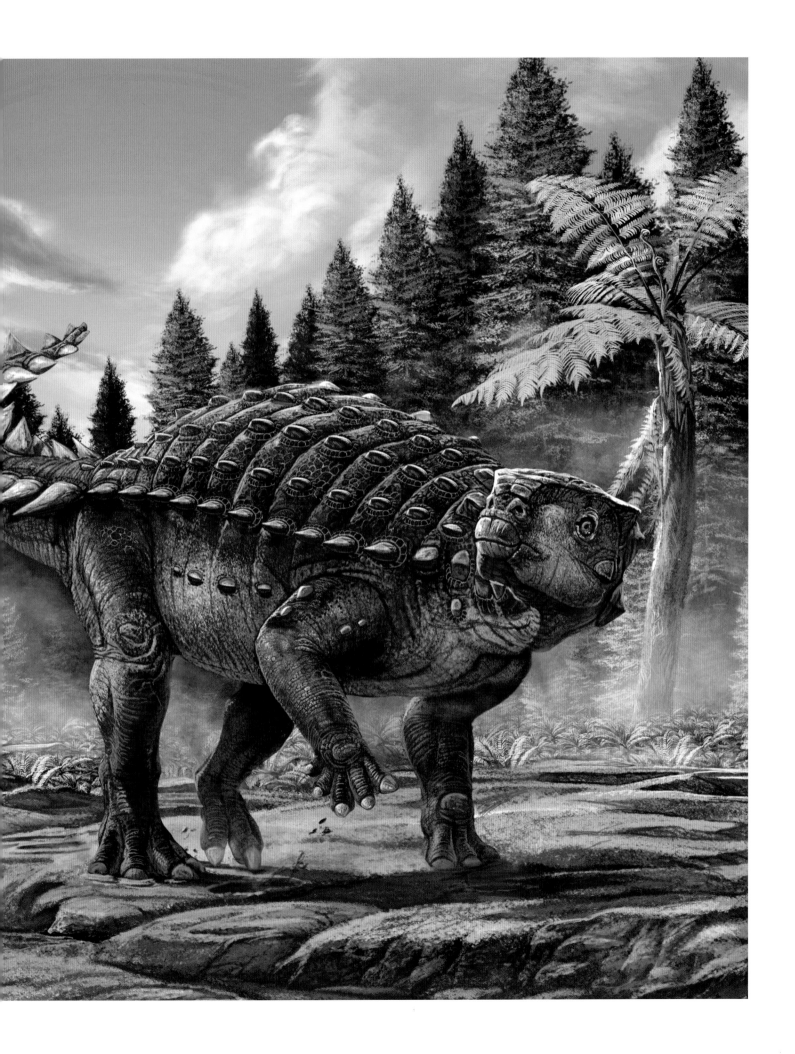

追逐三角龙的霸王龙杰克

　　即便是对于恐龙中的王者霸王龙而言，获取充足的食物也不是一件容易的事情。有时候，这不光取决于自身的能力，往往还要凭借几分运气。

　　6700万年前，今天的北美洲。
　　大批的植食性恐龙正在向北迁徙，这里的食物越来越少，已经不再适合他们生存了。这让统领这片丛林的霸王龙杰克很伤心，他倒不是同情那些植食性恐龙，只是他们的离开也意味着他的食物在骤减。
　　很长一段时间以来，杰克都没有吃过一顿像样的饭了。今天，他照例沮丧地在丛林里撞运气。突然，杰克发现了一只离群的成年三角龙。看来，机会来了！
　　杰克张大血盆大口，加快脚步，他知道只要追上这只三角龙，他短小而锋利的前肢与牙齿便能够帮助他轻松地解决这个猎物。

杰克家族档案
学名：*Tyrannosaurus*
中文名称：霸王龙
种类：暴龙类
体型：体长约13米，高4米，体重6800千克
食性：肉食
生存年代：晚白垩世，距今约6800万年至6600万年
化石产地：北美洲

被流放的大黑天神龙阿古拉

对于权力的向往并不是他的本性，他并不喜欢政治，但是只有得到权力才会得到更大的生存机会，他不过是想更好地活下去罢了！况且，他有那个实力，只是不太走运而已。

8000万年前，今天的蒙古。

空旷的蒙古高原被一望无垠的黄沙覆盖着，炙热的太阳赤裸裸地烤着这片土地上的每一粒沙子。空气迅速膨胀，包裹着越积越多的热量在沙漠的上空缓缓移动。偶尔能掠过一阵微风，却也是热浪与黄沙的混合体。

"这鬼天气！"被着一身黑色的羽毛、从沙漠的尽头缓缓走来的大黑天神龙阿古拉，在心里暗骂了一句。

他并不是游荡在沙漠里的一名孤独的战士，而只是一只因挑战首领的权威不成，被赶出族群的失败者。他也不是喜欢玩政治的家伙，在他的眼里，没有什么比踏踏实实的生活更加诱人。

他只是想要当族群的首领，这有什么错，可是却被当作是大黑天神龙族群中的背叛者，然后被流放了。

谁说挑战首领的权威就一定是背叛，阿古拉从来都不这么想，他认为首领的位置一定是要给族群中最具战斗力的成员的，而他自己，就是最合适的人选。

阿古拉有些不知所措地小步向前跑着，细长的脚趾蕴含着极大的力量。他身体上黑色的羽毛贪婪地吸收着太阳光，泛起耀眼的光泽。说实话，他看起来确实有首领的风范。

离开族群，在这个荒凉的沙漠中，阿古拉并不能算是强者，伶盗龙、窃蛋龙、单爪龙、原角龙都是他的敌人，他不得不高度警惕。不过，阿古拉并不害怕，因为相对这些恐龙，他对自己的智慧和机警更有信心。

阿古拉在寂寥的沙漠中徘徊着，不知道应该往哪里去。原本他只是想生活得更好一些，当然，他也曾想着依靠自己的力量让族群生活得更安稳一些。可是现在，这一切都成了幻想。

离开族群，他还能生存得下去吗？

阿古拉连这点都开始怀疑起来。

突然，阿古拉感觉空气中飘来了危险的气息。他并没有看到敌人，凭的只是直觉。这样的直觉，让他在自己的族群里打了不少胜仗。

阿古拉加快了前进的速度，他漂亮的两只羽翼在荒漠中自由地伸展开来，他看到了不远处的沙丘中一块高高的石柱，那里应该是一个不错的观察点。

奔跑对于大黑天神龙家族来说并不是一件难事儿，即使是沙漠中这样高温闷热的天气，也同样阻挡不了他们的速度。

没跑几步，阿古拉就已经接近了那个石柱，他轻轻一跃，站到了石柱的顶部。

这确实是一个极好的观察点，阿古拉能看到整个沙漠。他抬起头向远处望去，一只伶盗龙正在向他的方向逼近。虽然他身上淡淡的棕黄色加上白色条纹的皮毛是这沙漠中最好的伪装，但是依然没能逃过阿古拉的眼睛。在危险来临的时候，阿古拉忘记了被赶出族群的恼怒和困惑。他盯着这只伶盗龙，心里已经做好了准备……

阿古拉家族档案

学名：*Mahakala*
中文名称：大黑天神龙
种类：驰龙类
体型：体长0.7米，高0.3米，体重约3千克
食性：肉食
生存年代：晚白垩世，距今8000万年
化石产地：亚洲东部，蒙古

孤独的伶盗龙萨米

当夜晚降临,世界都安静下来的时候,伶盗龙萨米独自站在岸边的礁石上,巨大的孤独感在他的身体里无尽地蔓延。他的心总是在这样的夜晚流浪,他想给它找一个温暖的怀抱。

7500万年前,今天的蒙古。

伶盗龙萨米从未见过他的爸爸妈妈,当他睁开眼睛第一次看到这个世界的时候,他就是独自一人。就连他的名字——萨米,也是他自己取的。他知道没有谁会用这个名字呼唤他,可至少,在这样的夜晚,他可以独自在海边不停地呼唤自己。当他的名字透过海洋再反射到他的耳朵里时,他就像是听到了妈妈的呼唤。

他不知道妈妈为什么在他出生前就放弃了他,他宁愿相信这都是他在妈妈肚子里时的调皮所致。

于是,这些年,他努力地生活,不畏惧一切困难,他尽力去帮助身边那些像他一样可怜的小家伙,他知道妈妈一定在某个地方看着他,只要妈妈知道他是个勇敢善良的好孩子,就一定会原谅他。

这些年,萨米一直在寻找妈妈。

他把内心的渴望讲给了月亮,讲给了大海,希望第二天太阳升起的时候,他能够听到妈妈温柔的呼唤。

萨米是不会放弃的!

下一站也许更美好 | 35

萨米家族档案
学名：*Velociraptor*
中文名称：伶盗龙
种类：驰龙类
体型：体长 2 米，高 0.6 米，体重约 15 千克
食性：肉食
生存年代：晚白垩世，距今约 7500 万年至 7000 万年
化石产地：亚洲东部，蒙古

贵州龙里奇在三叠纪中期的某一个早晨

有时候，一只孤独的恐龙聆听的不仅仅是敌人的脚步，还有陪伴在他们周围的那些生命的生长。

2亿3000万年前，今天的中国贵州。

贵州龙里奇没什么朋友，他总是独自捕食，独自游戏，独自承受生活中的一切。在一个清晨，里奇沿着入海的溪流逆流而上，流水越来越浅，最终他在一块被阳光照射得微微有些发烫的岩石前停下。

四周，处于各个年龄段的苏铁正在缓缓地舒展身体，三叠纪透明的空气中飘满了苏铁的香气。里奇爬上岩石，静静地聆听着他的朋友——苏铁，生长的声音。

这声音听上去好陌生，里奇没想到，即便是如此熟悉的朋友，自己也并非真的那么了解他。

里奇家族档案
学名：*Keichousaurus*
中文名称：贵州龙
种类：幻龙类
体型：体长约30厘米
食性：鱼
生存年代：中三叠世，距今约2亿3000万年
化石产地：亚洲东部，中国，贵州

西卡尼萨斯特鱼龙费曼家族出巡

当一群凶猛的顶级掠食者集体出动的时候，就连他们周遭的空气都会变得紧张起来。

三叠纪北美的海洋被夕阳染得一片通红，有如一块巨大的红宝石，身长达20米的西卡尼萨斯特鱼龙费曼带领家族成员缓缓游过一片由海水侵蚀而成的石柱森林，这一幕有如一群飞艇飞过城市上空，壮观无比。

两条弓鲨赶紧潜入深海，低调地觅食，为这群巨兽让路，他们可不想打扰这些出巡的海洋统治者。

费曼家族档案
学名：*Shastasaurus sikanniensis*
中文名称：西卡尼萨斯特鱼龙
种类：鱼龙类
体型：体长约20米
食性：乌贼、鱼类等
生存年代：晚三叠世，距今2亿2200万年至2亿1000万年
化石产地：北美洲，美国，内华达州

阿基里斯盗龙腾格尔的怒吼

什么样的语言都无法表达在绝望中看到黎明时的心情，唯有怒吼……

9300万年前，今天的蒙古。

许多石块逐渐掉落，在原来的岩石群周围重新堆积成了一道高大的红色石墙。

它是沙漠居民祈祷的地方，在他们的心中有着特殊的地位。不过，这时候，它只是阿基里斯盗龙腾格尔的避难场所。

他已经忘记自己在这片炙热的沙漠上走了多久。

他的爱人和孩子在两个星期前死于一场混战，而他，那时候正在为她们外出觅食。他只看到了她们残缺的身体，这在他心里留下了永远都无法抹去的阴影。

他没办法再在原来的地方生活了，那里的每一寸土地都向外吐放着她们曾经的气息。

你说逃避也好，说重新生活也好，总之，腾格尔离开了家园，向远处走去。他希望自己走得越远越好。

伤痛在这场暴走中渐行渐远，当然，腾格尔必须要活下去。他不能这么自私，即使不为了自己，也应该为他们的家族传承着想。在生存如此艰难的现实生活里，他没有理由这么轻易地选择死亡。

然而，就在他放下所有的包袱想要重新开始的时候，却发现空旷的大漠上居然没有任何食物和水源，饥饿和无力充斥着他的身体。

腾格尔紧贴着红墙向前走着，将自己的身体完全藏在了阴影之中，

以减少体力的消耗。可是，效果并不明显。他的身体开始越来越重，腾格尔知道自己可能坚持不了多久了。

腾格尔疲惫地倒在了墙角，这恐怕是他生命的最后时光了。

可生活并没有辜负他！

就在他几乎要放弃的那一瞬间，一丝声音从红墙的后面传了过来，腾格尔听到了，他的脸上露出了微笑的表情，这可是他期盼已久的声音。

一切绝望和无力感在这一瞬间被强烈的求生欲望所代替，他用力地支撑起自己的身体。就在红墙的一个巨大洞孔前，腾格尔站了起来，他慢慢地抬起脑袋，将脑袋一侧的眼睛靠近孔洞的边缘。当视野变得开阔的瞬间，腾格尔看到了一只原角龙，他与自己只隔着一堵石墙。

腾格尔用力一跃，跳上石洞，他虎视眈眈地盯着眼前的猎物，张开血盆大口发出摄人心魄的吼叫声……

生命的力量在这一刻完全释放了出来！

腾格尔家族档案

学名：*Achillobator*
中文名称：阿基里斯盗龙
种类：驰龙类
体型：体长 4~6 米，高 2 米，体重约 700 千克
食性：肉食
生存年代：晚白垩世，距今 9800 万年至 8300 万年
化石产地：亚洲东部，蒙古

迁徙中的梁龙弗里奥

饥饿、还是该死的饥饿让一群又一群的居民被迫放弃了自己的家园，他们拖着沉重的身躯无奈地离开了自己熟悉的土地，在他们疲惫的身体后面是苍凉的沙尘。

1亿5000万年前，加登翼龙成群结队地飞过今天的北美洲平原，与他们相伴的是巨大的双腔龙群。一次大规模的迁徙行动已经开始了！

谁都知道一次大规模的迁徙所带来的巨大危险。他们踏过那些堆满尸体的道路，那一具具尚未被太阳晒干、依旧散发着生者气息的尸体，无一不在为过往者讲述他们生前的辉煌。然而，当他们的身体被那些迁徙者溅起的尘土掩盖，当落日来临，他们的辉煌便只能永久地停留在生者的记忆中。

迁徙带给大家的是生的希望和死的恐惧，而停留带给大家的只有死——这唯一的结局。

于是，越来越多的家族加入了迁徙的行列，他们怀揣着重生的梦想，开始艰难的旅程。

死亡与伤痛是这一过程中最为常见的现象，迁徙者们漠然地接受着同伴的倒下、孩子的离去，只为了能够为族群保留更加强壮的基因。这并不是冷漠无情，而是大自然物竞天择的又一方式。

然而，两只年轻的梁龙，弗里奥和他的妻子，却试图想要穿过庞大的迁徙队伍去营救他们掉队的孩子。他们还不知道回头不仅不会挽救那弱小的生命，还会让他们走入无尽的危险。

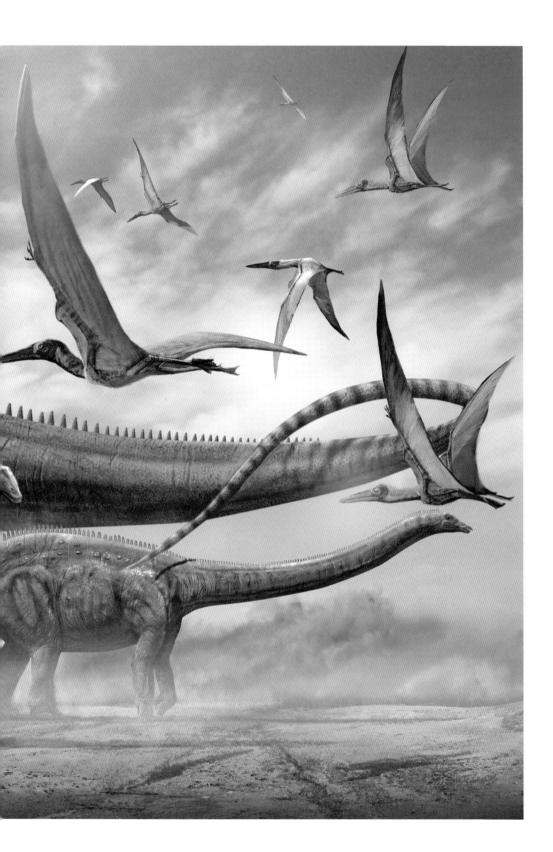

弗里奥家族档案

学名：*Diplodocus*
中文名称：梁龙
种类：蜥脚类
体型：体长 25~35 米，高 4~5 米，体重 10~16 吨
食性：植食
生存年代：晚侏罗世
　　　　　距今约 1 亿 5400 万年至 1 亿 5000 万年
化石产地：北美洲，美国

伊希斯龙卡达的决定

对于像伊希斯龙这样的植食性恐龙来说，迁徙是一次艰难的挑战，而对于像胜王龙这样的肉食性恐龙来说，却处处充满机会。

我们总是说到迁徙的话题，可实在没办法，对于那些还没办法像人类一样通过自己的双手制造食物的动物们来说，哪里有食物哪里便是家，所以迁徙是他们生活中非常重要的一部分。

虽然他们比谁都清楚迁徙对他们来说意味着什么，他们的长辈，他们的后代都有可能在迁徙的过程中死亡，可是根本没有别的办法！

我常常非常好奇，如果那时候的动物知道在亿万年后，有一种灵长目的家伙进化成人类，然后拥有了如此高科技的手段而不再为了食物而发愁，他们的心情会是什么样的！

7000万年前，今天的印度。

这次加入迁徙队伍的是生活在那里的伊希斯龙，他们要趁着雨季到来之前，赶到下一个茂盛的丛林。

这些年，伊希斯龙的发展特别迅速，龙群的数量越来越多，这大大提高了他们的生存率，因为并没有什么攻击能力的伊希斯龙群，总是以数量来威慑敌人，但有时候也会给他们带来不少麻烦。

一片丛林用不了多久就被他们啃光了，要是赶上一段时间不下雨，这些光秃秃的树就一直干枯着，伊希斯龙群也就彻底没了食物。所以，他们要不就得耐心等待雨季的到来，要不就得搬迁到别的地方。而通常情况下，雨水和树叶都不会主动配合伊希斯龙的祈祷。

就像这次，旱季持续的时间超过了伊希斯龙的预期。他们完全左右

不了雨水到来的时间，能左右的就只有自己了！

伊希斯龙群并不需要做准备，他们就像旅行家一样，随时都能出发。

虽然伊希斯龙群已经有过无数次这样的经历，虽然他们非常小心谨慎，但这依然没办法阻挡意外的到来。

在他们通往丛林的必经之路上，栖息着一群胜王龙。

很明显，这是胜王龙群的地盘。

伊希斯龙群的首领卡达有些犹豫，他知道胜王龙群的厉害。虽然碍于他们的数量和体型，胜王龙在通常情况下并不会轻易和他们交手，但是他可不能保证这群凶猛的怪兽会一直保留着这样的善心。

可是现在，他快速地观察了四周的地形，这是通过此处的唯一路径。

怎么办？卡达有些为难，可是他知道这正是他必须做出抉择的时刻。

进还是退在这时候已经并不是最重要的了，重要的是他们不能在这里等待敌人的主动攻击。

卡达深吸一口气然后仰天长啸，这是他特有的指令，龙群的成员明白了他的意思——勇敢前进。

他们摆好紧密的队形，将幼年恐龙保护在中间，快速向前。

胜王龙群当然看到了这群入侵者，不过他们并没有贸然行动。

即使是作为顶级掠食者，在获取食物的时候，也必须要采取策略。否则，稍不留神，他们就有可能从掠食者沦为别人嘴巴里的猎物。

胜王龙群早已经选定了目标，那些被龙群包围着的幼年伊希斯龙是他们最好的猎物。

他们一直等待着伊希斯龙群慢慢逼近，然后，他们迈开步子，围绕着龙群奔跑起来。

他们必须迫使伊希斯龙群跑起来，这样他们才能够打破伊希斯龙群的防御型队伍，然后让幼年的伊希斯龙在混乱中乖乖地来到他们面前。

胜王龙群并不担心那些成年伊希斯龙会来救助这些年幼的孩子，在这样的危险面前，没有谁会牺牲整个龙群的生命！

卡达家族档案
学名：*Isisaurus*
中文名称：伊希斯龙
种类：蜥脚类
体型：体长约18米
食性：植食
生存年代：晚白垩世，距今7000万年
化石产地：亚洲，印度

贪恋过去的勒苏维斯龙格尔

凶猛的剑龙怎么都没想到，自己的家族会在最辉煌的时候突然灭亡，而导致他们灭亡的原因，仅仅是因为在植被繁茂的环境中，他们找不到自己爱吃的东西。

1亿6500万年前，今天的法国。

勒苏维斯龙格尔的处境有些艰难，因为他面临两个很严峻的问题，搬家以及寻找合适的食物。

格尔是剑龙家族的一员，但是他却和一般的剑龙类恐龙不大一样。

就拿剑龙来说，他的背上长有骨板，尾巴上长有尾刺，但是他的肩膀却光秃秃的。可格尔就不同了，他肩膀上不仅长有两根长长的骨刺，而且它们像是打了兴奋剂一样，夸张地向身体两侧伸展开来。这使得他的身体比亲戚们要宽出许多。

你可能会说这样的身体结构有什么坏处呢？那两根张开的骨刺看上去就非常厉害，它能增强格尔的战斗力。

对，没错，你说的很对。可是你忽略了一点，格尔的家族生活在森林中，那时候的森林并不像现在这样遭到了人类的砍伐和破坏，当时的森林茂盛极了，就和你想象中的原始丛林一样。整个森林都被植被覆盖，树和树紧密相连，完全没有空旷的空间。因此，身型宽大的动物并不适合在茂密的森林中生存，而更适合在宽广的平原、沙漠上活动。于是，在森林中生活的格尔就受到了这样的挑战，他的身型太宽大了。

格尔必须要搬家，走出熟悉的森林，重新寻找自己的家园。

这对他来说真是一大挑战，可挑战远远不止这些，他发现自己的食物正在变得越来越少。

这并不是说他周围的植物正在变少，相反，无论是森林还是平原，新的植被在不断增加，它们甚至以从未有过的速度铺天盖地地涌向这个世界。它们大面积地取代了过去曾经占据主导地位的植物，并且有些植物还开出了花朵，这是格尔从未见过的。

可就是在这种情况下，格尔最爱吃的植物变得越来越少。

起初他试图将这些纷繁的新植物添加到自己的菜单中，但是很快他发现自己根本适应不了。

他并不像有些植食性恐龙，比如鸭嘴龙，他们对食物从不挑剔，他们欢迎新的食物的到来。他固执地怀念着曾经的美味，而对这些新食物产生了极大的逆反情绪。

到了新的环境，缺少了充足的食物，格尔的生活越来越难。他也曾经试图改变，但是却没办法打破习惯带给他的困局。

他疲惫地游走于饥饿与生存的渴望之间，越来越觉得自己力不从心。

身后的尘土飞扬，就像他的心情一样。

忽然，他的眼前出现了一抹绿色，是他梦寐以求的新鲜的蕨类。

格尔加快速度向那棵小小的蕨类走去，为了寻找这点连牙缝都填不满的食物，他耗费了太长的时间。

然而，格尔并不知道，这抹充满生机的绿色带给他的并不是他所期待的希望，而是家族灭绝前所剩不多的几顿美餐。

格尔家族档案

学名：*Lexovisaurus*
中文名称：勒苏维斯龙
种类：剑龙类
体型：体长约 5 米
食性：植食
生存年代：中侏罗世，距今 1 亿 6500 万年
化石产地：欧洲，法国、英格兰

要去远方的欧罗巴龙马克

当欧罗巴龙马克趴在树干上向远处眺望的时候，他看到的不只是丰盛的食物，还有一个更加宽广的世界。

1 亿 5500 万年前，今天的德国。

笔直的树干将森林自然地划分成了无数个区域，森林里的居民们便以这些树干为界，建立自己的家园。

这天早晨，一棵粗壮的树干不堪雨水的浸润，重重地倒了下来。

哐当——

树干发出了巨大的声响，不过它并没有倒在地上，而是压在另外一根树干上，形成了一个远离地面的斜坡。

欧罗巴龙马克被这突如其来的一声巨响惊醒了，倒下来的这棵树就在他身旁。

他睁大眼睛看着那棵树，心不由得抽搐了一下，他差一点就在睡梦中葬身于树下了。

栖息在树上的家伙们呼啦啦拍着翅膀逃离了这个危险的地方，森林再次恢复了清晨的宁静。

马克平静了一下心情，他睡意全无，呆呆地盯着这棵倒下的树。说实话，他还从来没有见过摆成这样造型的树干，马克不由地对这棵树产生了兴趣。

他小心翼翼地走到树干旁，费力地将自己两个前肢上的大爪子轻轻地搭在了树干上。

哦，天哪，他居然站了起来！

马克兴奋极了，他几乎要把他那条长长的脖子竖起来了，他可从来没有享受过这种感觉。

他第一次发现那些高大的树干并不是孤零零地独处高处，在它们的身上，还有突然冒出来的绿色树叶丛相伴；他第一次看到了真正的远方，那不是绕过无数树根看到的模糊的地面，而是穿过树干看到的辽阔的天空；他甚至感受到了不一样的空气，他深深地吸了一大口……

马克兴奋地趴在树干上遥望，就在远方，他看到了更加郁郁葱葱的植物，还有一个新奇而陌生的世界。

今天，马克决定到远方去看看，不只为了那些食物，更为了他从未见过的世界。

马克家族档案
学名：*Europasaurus*
中文名称：欧罗巴龙
种类：蜥脚类
体型：体长1.7~6.2米，高1.5米，体重约1吨
食性：植食
生存年代：晚侏罗世，距今约1亿5500万年至1亿5400万年
化石产地：欧洲，德国

勇敢逃生的西爪龙菲德林

有时候，劣势并不一定会导致失败，如果运用得当，它就会转变为优势。就像身材娇小的西爪龙菲德林，她常常担心自己会像小石子儿一样，葬身于那些在她眼里像巨人一样的大型恐龙脚下，不过这次，是因为娇小，她才成功地从那些巨大的爪子中逃生！

所有的植物似乎都被那些巨大的植食恐龙吃光了，整片森林光秃秃的，没有一丝可以遮蔽阳光的地方。

那些以花为生的蜜蜂和蝴蝶都飞到别的地方去了，它们可没有耐心等待森林漫长的新生。

这些变化带来的直接后果就是西爪龙菲德林不得不为孩子们找个新的地方，以便让她们健康地成长，因为蜜蜂和蝴蝶是西爪龙赖以为生的家伙。

迁徙并不是一件容易的事情，特别是对于菲德林和她的孩子们来说，她们的身子只有半米长，还没有一只喜鹊大。可是现在似乎没有更好的办法了，她们必须要冒这个险，否则在这个食物匮乏的森林里，她们可能都活不了一个星期。

经过一个晚上的安排，在第二日天刚刚泛白的时候，菲德林和孩子们出发了。她们从7500万年前北美洲西部的滨海平原上穿过，去寻找她们的新家。

菲德林一共有4个孩子，最大的孩子走在最前面，中间是3个稍小一点的孩子，菲德林走在最后，她可不想让哪个孩子掉队，况且，她在最后可以很好地为大家观察周围的状况，以便做好随时逃命的准备。毕竟她们在这片土地上实在是太渺小了，渺小到没有谁会把她们的生命放在眼里。

起初，孩子们对于这样的"郊游"充满了好奇，她们并不知道接下来的危险，一路上新奇的景物以及和往常不一样的"游戏"让她们兴奋不已。

不过，这份好奇和兴奋并没有持续多久，因为接踵而来的饥饿和疲惫让她们感到了厌倦。

"妈妈，我们什么时候才能停下来？"

"是啊，妈妈，我的爪子都已经没有知觉了！"

孩子们不停地在向菲德林抱怨，菲德林有些无奈地看着这样的局面，她比孩子们更想知道她们什么时候才能遇到一片丰腴的森林。

"宝贝们，再坚持一阵子，你们很快就能喝到甘甜的水，还能吃到美味的蝴蝶。"菲德林尽力向孩子们描述着美好的景象，果然，这招还是有些用的，孩子们安静下来，她们在脑袋里想着那些即将见到的好东西，心情也渐渐好了起来。

看到了吧，迁徙，就是这样一件艰难的事情，但是为了生存，任何一只恐龙都无法回避。

更大的考验就出现在她们刚刚重燃希望的时候。

一群高大的蜥脚类恐龙不知道从什么时候开始出现在了她们对面，他们成群结队、浩浩荡荡地向菲德林她们走来，他们宽大的脚掌在松软的沙地上留下一串串圆形的脚印。当然，他们并没有看到可怜的菲德林和她的孩子。在他们的眼中，菲德林实在是太小了，都比不上他们的一只脚大。

蜥脚类恐龙的队伍异常庞大，他们几乎占据了这片宽阔的土地，一点缝隙都没有留下。看来，菲德林和孩子们想要穿过这里，一定要与这群庞然大物正面相遇了。

可是，菲德林和孩子们实在是太小了，稍不留神，她们就会葬身于这些庞然大物的脚下。怎么办？

"妈妈，妈妈！"

孩子们惊慌地叫了起来，围绕在菲德林身旁，她们还从来没见过这样的场面。

不过这时候，菲德林反而镇静了下来，她知道她不能就这么死去，她还有孩子，她们才刚刚来到这个世界上。

犹豫片刻，菲德林准备大着胆子冒个险。

她告诉孩子们不要怕，像她一样屏住呼吸，选择蜥脚类恐龙群的中间作为穿越路线。这样既不会打扰这些庞然大物，也不容易被他们踩伤。这可真得益于她们的娇小，这个逃生方案才能行得通。

孩子们点了点头，听懂了妈妈的话。

只见菲德林深吸了一口气,在巨物的身下像一只袋鼠一样,腾空而起,地上干燥的尘土被她带到了空中。她轻松地跃过了一只巨大的爪子,紧接着是第二只、第三只……

孩子们学着妈妈的样子,在巨脚阵中跳跃前进,这种不常见的运动方式至少比双腿奔跑速度要快,她们必须尽快离开这片危险之地。

这些体长只有巨物的三十分之一,体重更是只有他们几万分之一的幼小的西爪龙,再一次开始了艰难的旅程。让我们帮她们祈祷吧,在历经艰难后,等待她们的一定是一片丰腴的森林……

菲德林家族档案
学名:*Hesperonychus*
中文名称:西爪龙
种类:驰龙类
体型:体长 0.6 米,重约 1.9 千克
食性:肉食
生存年代:晚白垩世,距今 7500 万年
化石产地:北美洲,加拿大

奔跑的四川龙吉亚

在食物链占据顶端位置的肉食性恐龙，也常常会为自己的生存状况担忧，一旦有一点疏忽，他们很可能就会让敌人有可乘之机，进而丢掉自己的性命。

1亿6000万年前，今天的中国四川。

四川龙吉亚体型庞大，身体强壮，但即便如此，在竞争激烈的生活中，也并不是一个战无不胜的家伙，他的左脸至今还有一道无法痊愈的伤疤，那是在一次惨痛的战斗中留下的。

现在的他收紧前肢，伸直后肢，他全身的肌肉都处于备战状态，他以几乎平行于地面的姿态腾空而起，让周围的空气在瞬间紧张地凝结起来！

或许，他在捕杀一只猎物。

或许，他是被更加强大的掠食者追赶。

尽力奔跑，对于此时的吉亚，不是运动，而是保证生存的手段！

吉亚家族档案
学名：*Szechuanosaurus*
中文名称：四川龙
种类：兽脚类
体型：体长 8 米，高 3 米，体重 500~1000 千克
食性：肉食
生存年代：晚侏罗世，距今 1 亿 6000 万年
化石产地：亚洲东部，中国，四川

恶灵龙那莎的新生

生活总是给我们各式各样的考验，比如生活在蒙古国的恶灵龙就常常被突然来袭的沙暴搞得一团糟。不过，考验并不见得都是坏事。考验过后，常常会收获意想不到的希望。

7000万年前，今天的蒙古。

长达七个月的旱季还在继续，整个戈壁滩枯黄得没有一点生机。

动物白花花的尸骨横陈于炙热的阳光下，散发出阵阵恶臭。

对于大漠戈壁的居民来说，他们虽然已经习惯了这一切，甚至习惯了平静地在那些尸骨中穿梭，就像那原本就是埋藏于大地中的石块一般。但是恶劣的天气已经逼走了他们中的大多数，他们试图远走他乡，寻找生的希望。

不过，恶灵龙群依然在这里等待着，他们就像被驱逐的群体，孤独地守着大漠。他们相信心中的那个信念，他们强大的求生的意志会让他们活下来。

恶灵龙群现在都聚集在已经干枯的池塘边，他们差不多两个星期没有进食了，成年的恶灵龙都很瘦，而幼年恶灵龙已经所剩无几，他们虚弱的身体还抵御不了饥饿的侵袭。

不过，年幼的恶灵龙古丽很幸运，因为较好的体质，她和其他两只稍微大一点的幼龙成功地活了下来。不过，生活并没有给他们更多的优待，他们无力地趴在戈壁滩上，等待着奇迹的降临。

又一个星期过去了，龙群中的成员更少了，龙群的首领那莎抬头仰望天空，她艰难地企盼着，希望上天能发发慈悲，不要再制造这么大规模的屠杀。

就在这时，在那莎眼睛的尽头突然升腾起了一抹黑色。紧接着，狂风卷起干枯的落叶和沙尘翻滚而来。

"抓紧地面！"那莎绝望地向族群喊道。

此时，突袭的沙暴对于他们而言真是雪上加霜。

龙群用爪子紧紧扣住地面，以防止自己的身体被沙暴卷走。龙群数量的锐减，对于群居的恶灵龙来说是致命的打击，因为他们必须依靠集体的力量进行捕猎，抵御危险，才能成功地生存下来，所以，他们得竭尽全力战胜风暴，最大限度地留存龙群的实力。

那莎紧紧地趴在地面，等待着沙暴过去。突然，她发现就在沙暴的后面，乌云像海浪一样从遥远的地平线朝龙群压了过来。

那莎仰天长啸，原来沙暴只是幸运的前奏，他

们渴盼已久的大雨即将降临在干旱的沙漠上……

沙暴远去了，伴随着"轰隆隆"的雷声，大雨从天而降，漫长的旱季终于结束，恶灵龙们围在一起，享受着大雨给他们带来的新生。

大雨持续了三天三夜，当旭日再次东升时，戈壁上已经是一片生机勃勃，雨水使池塘连成一片，形成沼泽，原来干燥的大地重新发出了翠绿的嫩芽。

这片位于白垩纪亚洲东部的土地将再次迎来大批雨季的访客。动物们的生活又恢复了正常，整个戈壁生机盎然。那莎终于可以睡一个安稳觉了。

那莎家族档案
学名：*Adasaurus*
中文名称：恶灵龙
种类：驰龙类
体型：体长约 1.8 米
食性：肉食
生存年代：晚白垩世，距今 7200 万年至 6600 万年
化石产地：亚洲，蒙古

蜥鸟盗龙科特的救命一餐

在动物的王国里，几乎没有动物可以幸运地活到年老，然后慢慢地死去。险恶的生存环境让所有的生物时刻都处于紧张的备战状态，稍一松懈，便将终结自己的生命。这听上去似乎有些残忍，但是物竞天择，适者生存是让更多的生物得以成功进化的最佳路径。于是，几乎所有的生物都在艰难的进化过程中衍生出了赖以生存的武器，无论是隐藏于体内的，还是暴露于体外的，用以对付强大的敌人。

8000万年前，今天的加拿大。

蜥鸟盗龙家族的科特和科本兄弟也不例外，经过漫长的演化过程而生长于脚上第Ⅱ趾的镰刀状弯爪，以及一口粗壮结实的牙齿，是他们赖以生存的武器。

白垩纪的世界，早已经不再是肉食恐龙独霸天下的时候。虽然他们依然处于食物链的上端，但是却四面受敌。陆地上能够迅猛攻击的鳄鱼，天上恐怖的"死神"风神翼龙，甚至是超大型的植食恐龙，都在威胁着他们的生命。更何况，即使是在肉食恐龙家族中，和那些动不动就十几米长、几吨重的大个子相比，身高不足1米，比一只狗大不了多少的蜥鸟盗龙只能算是这群掠食者队伍中的小矮人。

于是，温饱对于他们来说不再是毫不费力地抓一只猎物就能轻松地送到嘴巴里的事情，他们开始要努力地和敌人争斗，从他们的嘴里抢夺食物。因此，越来越锋利而结实的牙齿成为成功进化的显著特征。

科特和科本几乎一出生就带有这样优秀的基因，他们并不知道从他们的祖先变成现在的样子，或许要经过数百万年甚至更长的时间。不过，正是因为在漫长的过程中，对于大自然进行适应性的演变，蜥鸟盗龙才能成功地在激烈的竞争中存活下来，并且进行了越来越成功的繁殖。到了科特和科本这一代的时候，他们因为庞大的数量成了北美洲最活跃的掠食者。

多，是对的！对于一个种群的繁衍生息来说，这个道理在大多数时候都是成立的。

只是现在，即便是拥有如此优秀的基因，对于科特和科本来说，也都徒劳无功。

灼热的阳光让脚底下的沙子越来越烫，科特和科本拖着两条比火鸡也粗壮不了多少的腿，在滚烫的沙漠上艰难地走着。不时被风卷起来的沙子和尘土，打在他们的身上，原本柔顺而油亮的浅棕色羽毛，已经打成结，乱糟糟地贴在了扁扁的肚子上。

科特和科本看起来相当疲惫。

这并不像是兄弟俩的作风，和那些庞然大物比起来，他们因有轻巧的身体、修长的后肢，能够灵活地奔跑，这是他们最引以为傲的东西。不过现在，他们就像是被固定在这茫茫的沙漠上一样，往前挪一步都那么艰难。

空旷的沙漠中，科特和科本显得如此孤单和无助。他们已经失去了和伙伴们的联系，也无暇顾及他们是否依然存活于这个世界上。虽然他们平时总是三五成群地外出捕捉猎物，可是在现在这种近乎绝望的关头，除了尽可能保存自己的生命，他们还有更好的选择吗？

在三个月前，他们还在嘲笑他们的舅舅，那只体长几乎是他们两倍的蜥鸟盗龙。他们不明白也就是连续十天没下雨，他们的舅舅就沉不住气了。可是现在，在这片毫无生机的大沙漠中，快要晕厥的科特和科本终于明白了，那时候的舅舅早已经预见到了这场前所未有的大干旱。

正值一年中最旺的雨季，却连续九十天没有下过一滴雨，原本水源就极少的沙漠上已经找不到一丁点儿水了。众多庞然大物开始举家搬迁，他们硕大的胃口几乎掳走了沿途所有的水源。

科特和科本没加入到逃难的队伍当中，他们知道，漫长的逃难征途会让他们在找到下一个安身之地之前，就被当作大旱中可口的食物被更大的食肉恐龙吃掉。

于是，他们选择了等待。

对于未来的不确定，让科特和科本心中充满了恐惧。在没有水源也没有食物的日子里，他们两个总是不时地交换着支持的眼神，相互鼓励着，希望生命能够延续。

从第一批逃难者出发开始，科特和科本已经在这个大漠上等待了七天了。白色的雾气在他们的眼前升腾，荒凉的大漠笼罩在一片模糊当中。这并不是传说中的仙境，因为在雾气之下，几乎没有存活下来的植物和动物了，哪怕是动物的尸体。

科特和科本用生命中最后一丝力气，等待着奇迹的到来。

一天。

两天。

三天。

幸好，上天似乎很眷顾科特和科本，就在他们几乎想要放弃生命的时候，他们看到了最后一根希望的稻草——天空中的"死神"，一只巨大的风神翼龙。

他们没想到在这个充满着死亡气息的沙漠上还能遇到生命，哪怕是自己的敌人。

若是在平日，即使只是听到风神翼龙的声音，他们都会吓得掉头就跑，更别说是看到落在地上的他们了。但是现在，一只巨大的风神翼龙斜斜地插在沙土中，长达15米的翼展被黄沙掩埋了一大截，昔日空中霸王的风姿也不复存在了。可怕的干旱让这些体型巨大的生灵率先失去了生命，也让原本就寂寥的沙漠更显得苍凉了。

科特从风神翼龙皮膜的颜色判断，他已经死了很长一段时间了。这让几乎已经走向死亡的他兴奋起来，他冲科本叫了起来，两只已经临近死亡边缘的蜥鸟盗龙好像突然间又恢复了巨大的力量。他们拿出了全身的力气，朝风神翼龙飞奔过去，那样子，就像平时在练习捕猎般，矫捷而勇猛。

没用几步，科特和科本就已经兴奋地跳到了这具庞大的尸体上。他们抬起脚露出了致命的第Ⅱ趾，锋利的钩爪轻易地划开了风神翼龙的皮肤，露出有些干瘪的肉。

科特和科本顾不得去挑剔这些肉是不是鲜美，他们张开大嘴，狠狠地一口咬了下去，但是这些肉被沙漠里的风吹得太干太硬了，科特的一颗结实的牙齿居然被卡在了风神翼龙干瘪的尸体里。

不过，这个时候，谁又会在意这个呢！科特知道，只要没有别的恐龙来跟他们抢食物，他们便有机会支撑到这场大旱过去，然后和弟弟重新在沙漠中建一个家。

科特家族档案

学名：*Saurornitholestes*
中文名称：蜥鸟盗龙
种类：驰龙类
体型：体长 1.8 米
食性：肉食
生存年代：晚白垩世，距今约 8000 万年
化石产地：北美洲，加拿大

在困境中依旧会微笑的天宇盗龙云飞

极短的前肢让天宇盗龙云飞失去了飞翔的能力,他被囚禁在陆地上,与众多凶猛的恐龙争夺有限的食物,不过,这并没有让他的日子变得灰暗起来,相反,他总是习惯在艰难的生活中为自己制造出一些乐趣!

1亿2200万年前,今天的中国辽宁。

连续的阴雨天让森林异常凉爽,天宇盗龙云飞觉得惬意极了!他优雅地漫步在森林中,什么都不做,只是漫步。

云飞是一个特别的家伙,当然,你从来没见过这么优雅的恐龙,没见过什么都不做只漫步的恐龙。

他并不是你想象中的那样,出身名门,不需要为了食物而发愁。恰恰相反,他是一个被家族排斥的家伙,他的手臂短得连他自己都不知道这是为什么。而他的亲戚们,都拥有漂亮的、甚至可以让自己飞翔的前肢。

如果按照正常的情节发展下去,那么云飞将是个不幸的家伙,他应该不停地抱怨,等着谁来改变他的命运。

可是,云飞却偏偏走到了情节之外。他并不胆小畏惧,他努力地生活着,然后开心地欣赏自己为生活带去的一切。

就在几天前,他干净利索地从喀左中国暴龙的嘴巴里弄来了些食物,当然,那并不是他夺来的,而只是他等到的。你可别小瞧这个,即使是等着顶级掠食者剩下些食物,也需要足够的勇气和技巧。

这些食物让云飞美美地享受了很多天。

云飞从来不会为了食物而太过紧张，他的勇气和信心帮了大忙。

而在剩下的大量闲暇的时光中，他总是独自在丛林中漫步，去看那些他从来没见过的世界，这让他的生活总是充满乐趣。

此时的云飞肚子饱饱的，他昂首挺胸，静静地走在丛林中。

忽然，一个光秃秃的树枝引起了他的注意，树枝上那个翠绿色的小东西就像颗翡翠一样，在干枯的树枝上流光溢彩。

云飞放慢了脚步，轻轻地向树枝靠拢过去。他并没有走得很近，因为他的视力非常好。

哦，云飞看清楚了，那不过是一只鸣螽。

这并不是云飞喜欢吃的食物，虽然在特别饿的时候，他也会选择吃掉这个小东西，但是现在，他不会。

不过，他并不想就这么走开，他想和这小家伙聊聊。

云飞伸直了脖子，努力把头再往上抬了抬，他翘起的尾巴和两个前肢，看上去并不缺乏美感。

"嗨，鸣螽！"

云飞轻轻地叫了一声。

正在树上的鸣螽吓坏了，他不知道这个巨型的猎人是什么时候来的，并且他怎么没有把自己一口吞下去。

"你……"鸣螽有些不知所措，这样的情况他还从来没遇到过。

"别害怕，小家伙，我只是想跟你聊聊。我现在饱得很，并不想吃任何东西。"云飞说道。

可是鸣螽还是很害怕，翠绿的身体哆嗦着，不知道该怎么办。

云飞笑着，看来要改变一个家伙的印象真的很难。

他还想和鸣盏聊点儿什么，忽然，一阵轰隆隆的声音从灌木丛后面传来，云飞知道，他的敌人来了！

云飞转头跟鸣盏告别，迅速地钻到了茂密的灌木丛中。他可不想给自己惹麻烦，毕竟这可真是美好的一天……

云飞家族档案
学名：*Tianyuraptor*
中文名称：天宇盗龙
种类：驰龙类
体型：体长1.5~2米，高约0.7米，体重约15千克
食性：肉食
生存年代：早白垩世，距今1亿2200万年
化石产地：亚洲东部，中国，辽宁

异特龙卡尔的耐心等待

心急吃不了热豆腐,虽然生活在侏罗纪北美洲的异特龙卡尔并不知道什么是热豆腐,也不知道自己喜欢不喜欢吃,但是他却深知这个道理。

1亿5000万年前,今天的北美洲。

9米长的异特龙卡尔毫无疑问是那里的顶级掠食者,不过,食物对他来说也并不像你想象的那样充裕。

所有的家伙都在和饥饿战斗,卡尔必须打起十二分精神才能保证自己有足够多的食物,从而在其他家伙的眼里保持他顶级掠食者的形象。因此,卡尔从来都不能随心所欲,他时时刻刻都在小心翼翼地观察着周围的一切变化,不放过任何一次机会。

而现在,泥泞中那些像巨大的圆盘一样的脚印吸引了他。

他使劲儿吸了吸鼻子,没错,空气中仍然残留着那些植食性恐龙咀嚼树叶后留下的特殊气息,卡尔变得兴奋起来。

气味是他在捕食时最重要的信息,他甚至可以通过不同的气味区分不同的猎物,那些气味诱惑着他嗜血的本性。

卡尔加快速度沿着那些脚印向前走,从那些大小不同的脚印上看,卡尔知道他所追踪的猎物并不是一只,而是一群,他不由得警惕起来。

空气中的味道越来越浓,那是植食性恐龙的粪便所致。看来,卡尔离猎物已经很近了。

卡尔屏住呼吸,放慢了脚步,就在他前方的不远处,许多鞭子状的尾巴走入了他的视线。一群正在迁徙的迷惑龙,卡尔激动地自言自语。

对于迷惑龙，卡尔再熟悉不过了，他曾经两次将迷惑龙当作自己的猎物，味道非常不错！

不过，迷惑龙体长23米，体重能达到23吨，并不是容易猎捕的对象。上两次之所以能吃到他们，纯属幸运。一次是因为他发现了一只因伤势过重而死去的迷惑龙，还有一次，居然让他碰上了一个迷路的小迷惑龙，他大概只有五六米，卡尔解决他几乎没费什么力气。而现在，卡尔面对的是一群迷惑龙，要想成功地捕获其中的一只，对他来说并不容易。

卡尔按照迷惑龙行进的节奏，尾随在他们身后，从队伍的行进速度上看，这群迷惑龙群已经走了很长时间了。这不是一个硬碰硬的最佳时机，虽然异特龙很凶猛，但是他也并不是一群迷惑龙的对手。

现在，他能做的只有等待。

等待有时候是最有效的捕猎技巧，就像以退为进往往能取得意想不到的效果一样。虽然我并不知道卡尔明不明白这些道理，但是他在捕食的过程中却一直都是这么实践的。

迁徙的龙群在经过很长时间的跋涉后，总是会遇到年老体弱的成员或是幼小的成员跟不上队伍的情形，而卡尔的判断就是这个现象一定会发生在接下来的几个小时中。

卡尔已经盯上了其中的几个目标，他信心满满，只要有足够的耐心，他们中的一只或两只一定会成为他的美餐。

卡尔家族档案
学名：*Allosaurus*
中文名称：异特龙
种类：兽脚类
体型：体长8~9米，高4米，体重2~3吨
食性：肉食
生存年代：晚侏罗世，距今1亿5500万年至1亿5000万年
化石产地：北美洲，美国

浴火重生的彼得

当生活悄无声息地把我们推到绝境时，只有坚强可以拯救我们。

6800万年前，今天的法国南部。

普罗旺斯的一座岛屿上，彼得和他的两个姐妹过着惬意的生活。

彼得的家族属于火盗龙，他们是这个硕大的岛上最聪明的猎人，能轻松地捕获许多大型的植食性恐龙。

虽然彼得和他的姐妹们也会不时地遭到其他更大体型的肉食恐龙的袭击，但是他们凭借着自己的聪明才智，总是能躲过这样的灾难。

日子一天一天地过着，彼得以为他们能这样一直生活到老。他们谁都不知道，一场巨大的灾难即将来临。

连续很长时间，岛上都频繁地发生着小规模的地震和火山爆发，彼得虽然对这些时常打扰他正常生活的地质灾害感到不满，但是并没有想到这是更大的灾难爆发前的预兆。

终于，可怕的灾难来了。在离小岛不远的海底，发生了剧烈的地壳运动，巨大的能量从海底向地面喷薄而出。

所有的一切都变了！

恐怖的震动、地裂以及随之而来的烈火吞没了整座小岛，彼得和他的姐妹们在绝望的叫声中四处逃窜。他们竭尽全力地想要从灾难中逃生，可是死亡的气息却越来越近。

数十米高的巨浪卷走了一切，转眼间岛屿被吞没，岛上大部分的生灵也在瞬间失去了生命……

不过，幸运的是，彼得奇迹般地活了下来。

彼得并不知道发生了什么事,当他睁开眼睛时,他正漂浮在一望无际的大海上,身体下面是一根巨大的树干。他开始一点一点回忆之前发生的事,可能想起来的只有巨大的海浪和同伴们的惨叫声。

他还不能描述那场灾难的全部过程,可是他意识到在这场突如其来的灾难中,自己失去了生存的家园和最挚爱的亲人。

悲痛抽打着彼得,他不知道幸存下来的自己要怎么生活下去。没有亲人、没有家园,他宁愿自己也在灾难中丧生。

彼得痛苦地在大海上挣扎,有无数次,他想要放弃自己的生命。

生与死,原本并不需要抉择。但现在,却成了彼得生命中最困难的选择。

真担心他会挺不过去!

也不知道在这样的痛苦中徘徊了多久,不知道彼得怎么劝服了自己,只知道,彼得最终选择了生。他比我们想象的要坚强许多。

两天后,彼得怀着悲痛的心情漂浮到了一座新的小岛上。

两年后,彼得自信满满地成为岛屿上新一代的霸主,建立了新的法则……

彼得家族档案
学名:*Pyroraptor*
中文名称:火盗龙
种类:驰龙类
体型:体长约 1.6 米
食性:肉食
生存年代:晚白垩世,距今 7000 万年至 6600 万年
化石产地:欧洲,法国

地磁变化

很多恐龙的死亡都被认为是与地球磁场的变化有关，一旦磁场改变，他们的生命也会消亡。

这种关于恐龙灭绝的地磁移动论是美国肯涅学院的一些学者提出的，他们认为地球磁极的极圈曾多次发生移动，每次移动都导致自然环境发生巨大变化，从而让恐龙难逃灭绝之劫。

就像图中所表现的那样，生活在澳大利亚的恐龙正要在长达半年的极夜到来之前迁徙到北方，可是由于磁极变化，原本向北的方向变成了向南。大量正在迁徙的恐龙越来越接近南极，他们无法走出极夜，就在这长久的黑暗中毙命了。

关于地磁变化究竟是不是恐龙灭绝的真正原因，我们并不能确定，但是人类肯定还会一直探究下去！

索 引
遵循中文习惯，按中文名称拼音首字母排序

A

阿基里斯盗龙 *Achillobator* Perle, Norell et Clark, 1999 ／ P40

B

霸王龙 *Tyrannosaurus* Osborn, 1905 ／ P29

C

D

大黑天神龙 *Mahakala* Turner et al., 2007 ／ P30

E

恶灵龙 *Adasaurus* Barsbold, 1983 ／ P64

F

G

贵州龙 *Keichousaurus* Young, 1958 ／ P37

H

黄河巨龙 *Huanghetitan* You et al., 2006 ／ P25

火盗龙 *Pyroraptor* Allain et Taquet, 2000 ／ P81

I

J

K

L

勒苏维斯龙 *Lexovisaurus* Hoffstetter, 1957 ／ P50

梁龙 *Diplodocus* Marsh, 1878 ／ P43

伶盗龙 *Velociraptor* Osborn, 1924 ／ P33

M

敏迷龙 *Minmi* Molnar, 1980 ／ P26

N

O

欧罗巴龙 *Europasaurus* Mateus et al., 2006 ／ P53

P

Q

R

S

四川龙 *Szechuanosaurus* Young, 1942 ／ P61

T

天宇盗龙 *Tianyuraptor* Zheng et al., 2010 ／ P74

U

V

W

瓦尔盗龙 *Variraptor* Le Loeuff et Buffetaut, 1998 ／ P21

X

西卡尼萨斯特鱼龙 *Shastasaurus sikanniensis* Nicholls et Manabe, 2004 ／ P38

蜥鸟盗龙 *Saurornitholestes* Sues, 1978 ／ P68

西爪龙 *Hesperonychus* Longrich et Currie, 2009 ／ P57

Y

异特龙 *Allosaurus* Marsh, 1877 ／ P78

伊希斯龙 *Isisaurus* Wilson et Upchurch, 2003 ／ P46

Z

本系列作品创作时参考文献

在此鸣谢每一位科学家，感谢他们为人类文明进步所做出的贡献。

参考论文：

1, Lu Junchang; Yoichi Azuma; Chen Rongjun; Zheng Wenjie; Jin Xingsheng (2008). "A new titanosauriform sauropod from the early Late Cretaceous of Dongyang, Zhejiang Province". *Acta Geologica Sinica (English Edition)*

2, You Hai-Lu; Tanque Kyo; Dodson Peter (2010). "A new species of *Archaeoceratops* (Dinosauria:Neoceratopsia) from the Early Cretaceous of the Mazongshan area, northwestern China"

3, Xing, X., Zhou, Z., Wang, X., Kuang, X., Zhang, F., and Du, X. (2003). "Four-winged dinosaurs from China." *Nature*

4, Norell, Mark, Ji, Qiang, Gao, Keqin, Yuan, Chongxi, Zhao, Yibin, Wang, Lixia. (2002). "'Modern' feathers on a non-avian dinosaur". *Nature*

5, Xu, X. and Norell, M.A. (2006). "Non-Avian dinosaur fossils from the Lower Cretaceous Jehol Group of western Liaoning, China."*Geological Journal*

6, Galton, Peter M.; Sues, Hans-Dieter (1983). "New data on pachycephalosaurid dinosaurs (Reptilia: Ornithischia) from North America". *Canadian Journal of Earth Sciences*

7, Evans, D. C.; Schott, R. K.; Larson, D. W.; Brown, C. M.; Ryan, M. J. (2013). "The oldest North American pachycephalosaurid and the hidden diversity of small-bodied ornithischian dinosaurs". *Nature Communications*

8, Jin, F., Zhang, F.C., Li, Z.H., Zhang, J.Y., Li, C. and Zhou, Z.H. (2008). "On the horizon of *Protopteryx* and the early vertebrate fossil assemblages of the Jehol Biota." *Chinese Science Bulletin*

9, Ji S., and Ji, Q. (2007). "*Jinfengopteryx* compared to *Archaeopteryx*, with comments on the mosaic evolution of long-tailed avialan birds." *Acta Geologica Sinica*(English Edition)

10, Xu, X.; Tan, Q.; Wang, J.; Zhao, X.; Tan, L. (2007). "A gigantic bird-like dinosaur from the Late Cretaceous of China". *Nature*

11, Ryan, M.J. (2007). "A new basal centrosaurine ceratopsid from the Oldman Formation, southeastern Alberta". *Journal of Paleontology*

12, Ryan, M.J.; A.P. Russell (2005). "A new centrosaurine ceratopsid from the Oldman Formation of Alberta and its implications for centrosaurine taxonomy and systematics". *Canadian Journal of Earth Sciences*

13, Zheng, Xiao-Ting; You, Hai-Lu; Xu, Xing; Dong, Zhi-Ming (19 March 2009). "An Early Cretaceous heterodontosaurid dinosaur with filamentous integumentary structures". *Nature*

14, Xu, Xing; Zheng Xiao-ting; You, Hai-lu (20 January 2009). "A new feather type in a nonavian theropod and the early evolution of feathers". *Proceedings of the National Academy of Sciences (Philadelphia)*

15, Schweitzer, Mary H.; Wittmeyer, Jennifer L.; Horner, John R.; Toporski, Jan K. (March 2005)."Soft-tissue vessels and cellular preservation in *Tyrannosaurus rex*". *Science*

16, Brochu, C.R. (2003). "Osteology of *Tyrannosaurus rex*: insights from a nearly complete skeleton and high-resolution computed tomographic analysis of the skull". *Society of Vertebrate Paleontology Memoirs*

17, Farrier, John. "Scientists: The Quetzalcoatlus Pterosaur Could Probably Fly for 7-10 Days at a Time". *Neotorama*

18, Lawson, D. A. (1975). "Pterosaur from the Latest Cretaceous of West Texas. Discovery of the Largest Flying Creature." *Science*

19, Lehman, T. and Langston, W. Jr. (1996). "Habitat and behavior of *Quetzalcoatlus*: paleoenvironmental reconstruction of the Javelina Formation (Upper Cretaceous), Big Bend National Park, Texas", *Journal of Vertebrate Paleontology*

20, Mark P. Witton, Pterosaurs: Natural History, Evolution, Anatomy, 2013, Princeton University Press

21, Brusatte, S. L., Hone, D. W. E., and Xu, X. In press. "Phylogenetic revision of *Chingkankousaurus fragilis*, a forgotten tyrannosauroid specimen from the Late Cretaceous of China." In: J.M. Parrish, R.E. Molnar, P.J. Currie, and E.B. Koppelhus (eds.), *Tyrannosaur! Studies in Tyrannosaurid Paleobiology*

22, Xu Xing, Forster, Catherine A., Clark, James M. & Mo Jinyou. (2006). A basal ceratopsian with transitional features from the Late Jurassic of northwestern China. *Proceedings of the Royal Society of London: Biological Sciences*.

23, Meng Qingjin, Liu Jinyuan, Varrichio, David J., Huang, Timothy & Gao Chunling. (2004). Parental care in an ornithischian dinosaur. *Nature*

24, Russell, D.A., Zheng, Z. (1993). "A large mamenchisaurid from the Junggar Basin, xinjiang, People Republic of China." *Canadian Journal of Earth Sciences*

25, Maleev, Evgeny A. (1955). "New carnivorous dinosaurs from the Upper Cretaceous of Mongolia." (PDF). *Doklady Akademii Nauk SSSR* (in Russian)

26, Xu Xing, X; Norell, Mark A.; Kuang Xuewen; Wang Xiaolin; Zhao Qi; and Jia Chengkai (2004). "Basal tyrannosauroids from China and evidence for protofeathers in tyrannosauroids". *Nature*

27, Z. Dong, X. Li, S. Zhou and Y. Zhang, 1977, "On the stegosaurian remains from Zigong (Tzekung), Szechuan province", *Vertebrata PalAsiatica*

28, Zhang, Fucheng; Zhou, Zhonghe; Xu, Xing; Wang, Xiaolin and Sullivan, Corwin. "A bizarre Jurassic maniraptoran from China with elongate ribbon-like feathers". *Nature*

29, Welles, S. P. (1954). "New Jurassic dinosaur from the Kayenta formation of Arizona". *Bulletin of the Geological Society of America*

30, Chen, P.; Dong, Z.; and Zhen, S. (1998). "An exceptionally well-preserved theropod dinosaur from the Yixian Formation of China". *Nature*

31, Perle, A., Norell, M.A., and Clark, J. (1999). "A new maniraptoran theropod - *Achillobator giganticus* (Dromaeosauridae) - from the Upper Cretaceous of Burkhant, Mongolia." *Contributions of the Mongolian-American Paleontological Project*

32, P. Godefroit, P. J. Currie, H. Li, C. Y. Shang, and Z.-M. Dong. 2008."A new species of Velociraptor (Dinosauria: Dromaeosauridae) from the Upper Cretaceous of northern China". *Journal of Vertebrate Paleontology*

33, J.W. Hulke, 1887, "Note on some dinosaurian remains in the collection of A. Leeds, Esq, of Eyebury, Northamptonshire", *Quarterly Journal of the Geological Society*

34, N. R. Longrich and P. J. Currie. 2009. "A microraptorine (Dinosauria–Dromaeosauridae) from the Late Cretaceous of North America". *Proceedings of the National Academy of Sciences*

35, Makovicky, J.A., Apesteguía, S., and Agnolín, F.L. (2005). "The earliest dromaeosaurid theropod from South America." *Nature*

36, Jerzykiewicz, T. and Russell, D.A. (1991). "Late Mesozoic stratigraphy and vertebrates of the Gobi Basin." *Cretaceous Research*

37, Buffetaut, E. and Morel, N., 2009, "A stegosaur vertebra (Dinosauria: Ornithischia) from the Callovian (Middle Jurassic) of Sarthe, western France", *Comptes Rendus Palevol*

38, Maidment, Susannah C.R.; Norman, David B.; Barrett, Paul M.; Upchurch, Paul (2008). "Systematics and phylogeny of Stegosauria (Dinosauria: Ornithischia)" *Journal of Systematic Palaeontolog*

39, Turner, C.E. and Peterson, F. (2004). "Reconstruction of the Upper Jurassic Morrison Formation extinct ecosystem—a synthesis".*Sedimentary Geology*

40, Harris, J.D. (2006). "The significance of *Suuwassea emiliae* (Dinosauria: Sauropoda) for flagellicaudatan intrarelationships and evolution". *Journal of Systematic Palaeontology*

41, Wilson, J. A. (2002). "Sauropod dinosaur phylogeny: critique and cladistica analysis". *Zoological Journal of the Linnean Society*

42, Upchurch, P et al. (2000). "Neck Posture of Sauropod Dinosaurs". *Science*

43, Taylor, M.P., Wedel, M.J., and Naish, D. (2009). "Head and neck posture in sauropod dinosaurs inferred from extant animals". *Acta Palaeontologica Polonica*

44, Grellet-Tinner, Chiappe, & Coria (2004). "Eggs of titanosaurid sauropods from the Upper Cretaceous of Auca Mahuevo (Argentina)". *Canadian Journal of Earth Science*

45, Norell, Mark A.; Makovicky, Peter J. (1997). "Important features of the dromaeosaur skeleton: information from a new specimen". *American Museum Novitates*

46, Schmitz, L.; Motani, R. (2011). "Nocturnality in Dinosaurs Inferred from Scleral Ring and Orbit Morphology". *Science*

47, Jerzykiewicz, Tomasz; Currie, Philip J.; Eberth, David A.; Johnston, P.A.; Koster, E.H.; Zheng, J.-J. (1993). "Djadokhta Formation correlative strata in Chinese Inner Mongolia: an overview of the stratigraphy, sedimentary geology, and paleontology and comparisons with the type locality in the pre-Altai Gobi". *Canadian Journal of Earth Sciences*

48, Sander, P. M.; Mateus, O. V.; Laven, T.; Knötschke, N. (2006-06-08). "Bone histology indicates insular dwarfism in a new Late Jurassic sauropod dinosaur". *Nature*

49, D'Emic, M. D. (2012). "The early evolution of titanosauriform sauropod dinosaurs". *Zoological Journal of the Linnean Society*

50, Weishampel, D., Norman, D. B. et Grigorescu, D. 1993. "*Telmatosaurus transsylvanicus* from the Late Cretaceous of Romania: the most basal hadrosaurid dinosaur" .*Palaeontology*

51, Marpmann, J. S.; Carballido, J. L.; Sander, P. M.; Knötschke, N. (2014-03-27). "Cranial anatomy of the Late Jurassic dwarf sauropod *Europasaurus holgeri* (Dinosauria, Camarasauromorpha): Ontogenetic changes and size dimorphism". *Journal of Systematic Palaeontology*

52, Stokes, William J. (1945). "A new quarry for Jurassic dinosaurs". *Science*

53, Loewen, Mark A. (2003). "Morphology, taxonomy, and stratigraphy of *Allosaurus* from the Upper Jurassic Morrison Formation". *Journal of Vertebrate Paleontology*

54, Zheng, Xiaoting; Xu, Xing; You, Hailu; Zhao, Qi; Dong, Zhiming (2010). "A short-armed dromaeosaurid from the Jehol Group of China with implications for early dromaeosaurid evolution". *Proceedings of the Royal Society B*

55, Zhou, Z. (2006). "Evolutionary radiation of the Jehol Biota: chronological and ecological perspectives". *Geological Journal*

56, Xu, X.; Zhou, Z.-H.; Wang, X.-L.; Kuang, X.-W.; Zhang, F.-C.; Du, X.-K. (2003). "Four-winged dinosaurs from China". *Nature*

57, Nicholls, Elizabeth L.; Manabe, Makoto (2004). "Giant Ichthyosaurs of the Triassic—A New Species of Shonisaurus from the Pardonet Formation (Norian: Late Triassic) of British Columbia". *Journal of Vertebrate Paleontology*

58, Longrich, N.R. and Currie, P.J. (2009). "A microraptorine (Dinosauria–Dromaeosauridae) from the Late Cretaceous of North America." *Proceedings of the National Academy of Sciences*

59, H.-D. Sues, 1978, "A new small theropod dinosaur from the Judith River Formation (Campanian) of Alberta Canada", *Zoological Journal of the Linnean Society*

60, Carrano, M.T.; D'Emic, M.D. (2015). "Osteoderms of the titanosaur sauropod dinosaur *Alamosaurus sanjuanensis* Gilmore, 1922". *Journal of Vertebrate Paleontology*

61, Fowler, D. W.; Sullivan, R. M. (2011). "The First Giant Titanosaurian Sauropod from the Upper Cretaceous of North America". *Acta Palaeontologica Polonica*

62, Anderson, JF; Hall-Martin, AJ; Russell, Dale(1985). "Long bone circumference and weight in mammals, birds and dinosaurs". *Journal of Zoology*

63, Gasparini, Z. Martin, J. E., and Fernández M. 2003. "The elasmosaurid plesiosaur *Aristonectes* Cabrera from the latest Cretaceous of South America and Antarctica". *Journal of Vertebrate Paleontology*

64, Carpenter, K. 1999. "Revision of North American elasmosaurs from the Cretaceous of the western interior". *Paludicola*

65, D'Emic, M.D. and B.Z. Foreman, B.Z. (2012). "The beginning of the sauropod dinosaur hiatus in North America: insights from the Lower Cretaceous Cloverly Formation of Wyoming." *Journal of Vertebrate Paleontology*

66, Fernández M. 2007. Redescription and phylogenetic position of *Caypullisaurus* (Ichthyosauria: Ophthalmosauridae). *Journal of Paleontology*

67, Currie, Philip J. (1995). "New information on the anatomy and relationships of *Dromaeosaurus albertensis* (Dinosauria: Theropoda)". *Journal of Vertebrate Paleontology*

68, Longrich, N.R.; Currie, P.J. (2009). "A microraptorine (Dinosauria–Dromaeosauridae) from the Late Cretaceous of North America". *PNAS*

69, Xu X., Clark, J.M., Forster, C. A., Norell, M.A., Erickson, G.M., Eberth, D.A., Jia, C., and Zhao, Q. (2006). "A basal tyrannosauroid dinosaur from the Late Jurassic of China". *Nature*

70, Martill, D. M.; Cruickshank, A. R. I.; Frey, E.; Small, P. G.; Clarke, M. (1996). "A new crested maniraptoran dinosaur from the Santana Formation (Lower Cretaceous) of Brazil". *Journal of the Geological Society*

71, Li,C., Rieppel, O.,LaBarbera, M.C. (2004) "A Triassic Aquatic Protorosaur with an Extremely Long Neck ", *Science*

72, Sander, P. M., and N. Klein (2005). "Developmental plasticity in the life history of a prosauropod dinosaur". *Science*

73, Dodson, P., Behrensmeyer, A.K., Bakker, R.T., and McIntosh, J.S. (1980). "Taphonomy and paleoecology of the dinosaur beds of the Jurassic Morrison Formation". *Paleobiology*

74, Bonnan, M. F. (2003). "The evolution of manus shape in sauropod dinosaurs: implications for functional morphology, forelimb orientation, and phylogeny" . *Journal of Vertebrate Paleontology*

75, Lü, J.-C.; Xu, L.; Zhang, X.-L.; Ji, Q.; Jia, S.-H.; Hu, W.-Y.; Zhang, J.-M.; Wu, Y.-H. (2007). "New dromaeosaurid dinosaur from the Late Cretaceous Qiupa Formation of Luanchuan area, western Henan, China". *Geological Bulletin of China*

76, Wang, X., Zhou, Z., Zhang, F., and Xu, X. (2002). "A nearly completely articulated rhamphorhynchoid pterosaur with exceptionally well-preserved wing membranes and 'hairs' from Inner Mongolia, northeast China." *Chinese Science Bulletin*

77, Peters, D. (2003). "The Chinese vampire and other overlooked pterosaur ptreasures." *Journal of Vertebrate Paleontology*

78, Wang, X., Kellner, A.W.A., Zhou, Z., and Campos, D.A. (2008). "Discovery of a rare arboreal forest-dwelling flying reptile (Pterosauria, Pterodactyloidea) from China." *Proceedings of the National Academy of Sciences*

79, Jouve, S. (2004). "Description of the skull of a Ctenochasma (Pterosauria) from the latest Jurassic of eastern France, with a taxonomic revision of European Tithonian Pterodactyloidea". *Journal of Vertebrate Paleontology*

80, Andres, B.; Clark, J.; Xu, X. (2014). "The Earliest Pterodactyloid and the Origin of the Group". *Current Biology*

81, Wang X.; Kellner, A. W. A.; Jiang S.; Meng X. (2009). "An unusual long-tailed pterosaur with elongated neck from western Liaoning of China". *Anais da Academia Brasileira de Ciências*

82, Meng, J., Hu, Y., Wang, Y., Wang, X., Li, C. (Dec 2006). "A Mesozoic gliding mammal from northeastern China". *Nature*

83, Leandro C. Gaetano and Guillermo W. Rougier (2011). "New materials of *Argentoconodon fariasorum* (Mammaliaformes, Triconodontidae) from the Jurassic of Argentina and its bearing on triconodont phylogeny". *Journal of Vertebrate Paleontology*

84, Zhe-Xi Luo (2007). "Transformation and diversification in early mammal evolution". *Nature*

85, Forster, Catherine A.; Sampson, Scott D.; Chiappe, Luis M. & Krause, David W. (1998a). "The Theropod Ancestry of Birds: New Evidence from the Late Cretaceous of Madagascar". *Science*

86, Turner, Alan H.; Pol, Diego; Clarke, Julia A.; Erickson, Gregory M.; and Norell, Mark (2007). "A basal dromaeosaurid and size evolution preceding avian flight" (PDF). *Science*

87, Andres, B.; Clark, J.; Xu, X. (2014). "The Earliest Pterodactyloid and the Origin of the Group". *Current Biology*

88, Dalla Vecchia, F.M. (2009). "Anatomy and systematics of the pterosaur *Carniadactylus* (gen. n.) *rosenfeldi* (Dalla Vecchia, 1995)." *Rivista Italiana de Paleontologia e Stratigrafia*

89, Ösi, Attila; Weishampel, David B.; Jianu, Coralia M. (2005). "First evidence of azhdarchid pterosaurs from the Late Cretaceous of Hungary" . *Acta Palaeontologica Polonica*

90, Norell, M.A.; Clark, J.M.; Turner, A.H.; Makovicky, P.J.; Barsbold, R.; Rowe, T. (2006). "A new dromaeosaurid theropod from Ukhaa Tolgod (Ömnögov, Mongolia)". *American Museum Novitates*

91, Aaron R.H. Leblanc, Michael W. Caldwell & Nathalie Bardet (2012). "A new mosasaurine from the Maastrichtian (Upper Cretaceous) phosphates of Morocco and its implications for mosasaurine systematics". *Journal of Vertebrate Paleontology*

92, Persson, P.O., 1960, "Lower Cretaceous Plesiosaurians (Reptilia) from Australia", *Lunds Universitets Arsskrift*

93, Coombs, Walter P. (December 1978). "Theoretical Aspects of Cursorial Adaptations in Dinosaurs". *The Quarterly Review of Biology*

94, Gianechini, F.A.; Apesteguía, S.; Makovicky, P.J (2009). "The unusual dentiton of *Buitreraptor* gonzalezorum (Theropoda: Dromaeosauridae), from Patagonia, Argentina: new insights on the unenlagine teeth". *Ameghiniana*

95, Hu, D.; Hou, L.; Zhang, L. & Xu, X. (2009), "A pre-*Archaeopteryx* troodontid theropod from China with long feathers on the metatarsus", *Nature*

96, Longrich, N.R.; Sankey, J. and Tanke, D. (2010). "*Texacephale langstoni*, a new genus of pachycephalosaurid (Dinosauria: Ornithischia) from the upper Campanian Aguja Formation, southern Texas, USA." *Cretaceous Research*

97, Agnolin, F. L.; Ezcurra, M. D.; Pais, D. F.; Salisbury, S. W. (2010). "A reappraisal of the Cretaceous non-avian dinosaur faunas from Australia and New Zealand: Evidence for their Gondwanan affinities". *Journal of Systematic Palaeontology*

98, Elizabeth L. Nicholls, Chen Wei, Makoto Manabe , "New Material of *Qianichtyosaurus* Li, 1999 (Reptilia, Ichthyosauria) from the late Triassic of southern China, and Implications for the Distribution of Triassic Ichthyosaurs."

99, X. Wang, G. H. Bachmann, H. Hagdorn, P. M. Sanders, G. Cuny, X. Chen, C. Wang, L. Chen, L. Cheng, F. Meng, and G. Xu. 2008. The Late Triassic black shales of the Guanling area, Guizhou province, south-west China: a unique marine reptile and pelagic crinoid fossil lagerstätte. *Palaeontology*

110, Williston S. W. (1890b). "A New Plesiosaur from the Niobrara Cretaceous of Kansas". *Transactions of the Annual Meetings of the Kansas Academy of Scienc*

111, Williston S. W. (1906). "North American plesiosaurs: *Elasmosaurus*,*Cimoliasaurus,* and *Polycotylus*". *American Journal of Science Series*

112, Bonde, N.; Christiansen, P. (2003). "New dinosaurs from Denmark". *Comptes Rendus Palevol*

113, Lindgren, J.; Currie, P. J.; Rees, J.; Siverson, M.; Lindström, S.; Alwmark, C. (2008). "Theropod dinosaur teeth from the lowermost Cretaceous Rabekke Formation on Bornholm, Denmark". *Geobios*

114, Sereno, P.C.; Beck, A.L.; Dutheil, D.B.; Gado, B.; Larsson, H.C.E.; Lyon, G.H.; Marcot, J.D.; Rauhut, O.W.M.; Sadleir, R.W.; Sidor, C.A.; Varricchio, D.D.; Wilson, G.P; and Wilson, J.A. (1998). "A long-snouted predatory dinosaur from Africa and the evolution of spinosaurids". *Science*

115, Carballido, J.L.; Marpmann, J.S.; Schwarz-Wings, D.; Pabst, B. (2012). "New information on a juvenile sauropod specimen from the Morrison Formation and the reassessment of its systematic position". *Palaeontology*

116, Marsh, O.C. (1881). "Note on American pterodactyls." *American Journal of Science*

117, Urner, Alan H.; Pol, D., Clarke, J.A., Erickson, G.M. and Norell, M. (2007). "A basal dromaeosaurid and size evolution preceding avian flight". *Science*

118, Prum, R.; Brush, A.H. (2002). "The evolutionary origin and diversification of feathers". *The Quarterly Review of Biology*

119, Brochu, C.R. (2003). "Osteology of Tyrannosaurus rex: insights from a nearly complete skeleton and high-resolution computed tomographic analysis of the skull". *Society of Vertebrate Paleontology Memoirs*

120, Olshevsky, G., 2000, *An annotated checklist of dinosaur species by continent. Mesozoic Meanderings*

121, Ji, S., Ji, Q., Lu J., and Yuan, C. (2007). "A new giant compsognathid dinosaur with long filamentous integuments from Lower Cretaceous of Northeastern China." *Acta Geologica Sinica*

122, Zhao, X.; Li, D.; Han, G.; Zhao, H.; Liu, F.; Li, L. & Fang, X. (2007). "*Zuchengosaurus maximus* from Shandong Province". *Acta Geoscientia Sinica*

123 Xu, X., Wang, K., Zhao, X. & Li, D. (2010). "First ceratopsid dinosaur from China and its biogeographical implications". *Chinese Science Bulletin*

124, Fiorillo, A. R.; Tykoski, R. S. (2012). "A new Maastrichtian species of the centrosaurine ceratopsid *Pachyrhinosaurus* from the North Slope of Alaska". *Acta Palaeontologica Polonica*

参考书目：

1, Manyuan Long. Hongya Gu. Zhonghe Zhou. *Darwin's Heritage Today：Proceedings of the Darwin 200 Beijing International Con* . 2010. 高等教育出版社

2, Roy Chapman Andrews. On The Trail of Ancient Man. Published by G.P.Putnam's Sons. 1926. New York

3, David B. Weishampel. Peter Dodson. Halazka Osmolska. The Dinosauria. 2007. University of California Press

4, Li JingLing. Wu XiaoChun. Zhang FuCheng. *The Chinese Fossil Reptiles and Their Kin*. 2008. Science Press, BeiJing,

5, ManYuan Long. HongYa Gu. ZhongHe Zhou. Darwin's Heritage Today：Proceedings of The Darwin 200 Beijing International Con. 2010. Higher Education Press

6, Mee-Mann Chang. Pei-Ji Chen. Yuan-Qing Wang. Yuan Wang" The Jehol Fossils" The Emergence of Feathered Dinosaurs. Beaked Birds and Flowering Plants. 2008. Academic Press

7, Michale Foote, Arnold I.Miller,《古生物学原理》, 2013，科学出版社

作者信息 About the author

与绘画作者交流 Contact the artist

E-Mail: zc@pnso.org

赵 闯

科学艺术家。
啄木鸟科学艺术小组创始人之一。

ZHAO Chuang
science artist
Zhao is one of the founders of PNSO.

如果你对本书中绘画作品感兴趣
可以微信扫描二维码与赵闯成为朋友

If you are interested in the paintings in the book
Scan the code to get in touch with ZHAO Chuang

2010年，赵闯和科学童话作家杨杨共同发起的"重述地球"科学艺术研究与创作项目，计划以20年的时间完成第一阶段任务。目前，该项目中以赵闯担任主创的视觉作品多次发表在《自然》《科学》《细胞》等全球顶尖科学期刊上，并且与美国自然历史博物馆、芝加哥大学、中国科学院、北京大学、中国地质科学院等研究机构的数十位科学家长期合作，为他们正在进行的研究项目提供科学艺术支持。

2015年，赵闯与科学童话作家杨杨以"重述地球"项目作品为核心内容，创办青少年科学艺术期刊《恐龙大王》和《我有一只霸王龙》。

In 2010, together with Science Fairy Tale Writer YANG Yang, ZHAO has initiated the science art research project *Restatement of the Earth*. The 1st phase of the project seeks to be accomplished in 20 years. Working as the lead artist, ZHAO Chuang's artworks have been published in the lead science magazines such as *Nature*, *Science* and *Cell*.

ZHAO Chuang is now collaborating with dozens of leading scientists from research institutions such as the American Museum of Natural History, Chicago University, China Academy of Science, China Academy of Geological Science and Beijing Natural History Museum; working on their paleontology research projects and providing artistic support in their fossil restoration works.

In 2015, base on the core content of the project Restatement of the Earth, ZHAO Chuang and YANG Yang have started the 2 science art magazines for young children and adolescents: *Dinosaur Stars* and *I Have a T-Rex*.

与文字作者交流 Contact the author

E-Mail: yy@pnso.org

杨 杨

科学童话作家。
啄木鸟科学艺术小组创始人之一。

YANG Yang
Science Fairy Tale Writer
YANG is one of the founders of PNSO.

如果你对本书中文字作品感兴趣
可以微信扫描二维码与杨杨成为朋友

If you are interested in the articles in the book
Scan the code to get in touch with YANG Yang

2010年，杨杨和科学艺术家赵闯共同发起的"重述地球"科学艺术研究与创作项目，计划以20年的时间完成第一阶段任务。目前，该项目中以杨杨担任主创的文字作品已经结集完成数十部图书，其中超过35种作品荣获了国家级和省部级奖项，获得了"国家动漫精品工程""三个一百原创图书""面向青少年推荐的一百种优秀图书"等荣誉，也取得了"国家出版基金"等政策支持。

2015年，杨杨和科学艺术家赵闯以"重述地球"项目作品为核心内容，创办青少年科学艺术期刊《恐龙大王》和《我有一只霸王龙》。

In 2010, together with science artist ZHAO Chuang, YANG Yang has initiated the science art research project *Restatement of the Earth*. The 1st phase of the project seeks to be accomplished in 20 years. Working as the lead editor and author, YANG Yang has completed dozens of books, supported and funded by the National Publication Foundation, 35 of which have been awarded the national and provincial prices. The awards include *the National Animation Epic Project Award, the 3x100 Award of Original Publications, the 100 Outstanding Books Recommendation for National Adolescents*.

In 2015, base on the core content of the project Restatement of the Earth, YANG Yang and ZHAO Chuang have started the 2 science art magazines for young children and adolescents: *Dinosaur Stars* and *I Have a T-Rex*.

相关信息 Publication information

与更多本书读者交流 Contact other readers

微信扫描二维码
关注本书会员期刊
《PNSO 恐龙大王》

Scan the Code in WeChat
to follow our official account:
PNSO Dinosaur Stars

本书内容来源 Source of the contents

Restatement of the Earth
重述地球

A Science Art Creative Programme by PNSO
来自啄木鸟科学艺术小组的创作

Project Darwin
nature science art project

注：近年来，人类在古生物学领域的研究日新月异，几乎每年都有多项重大成果发表，科学家不断地通过新的证据推翻过去的观点，考虑到科普图书的严肃性，本书所涉及的知识均为大多数科学家认可的主流观点。我们计划每两年对本书做一次修订，将本领域全球顶尖科学家最新的研究成果进行吸纳。

Acknowledgement:
The development and research results in the paleontological academic realm are rapidly updating in recent years, scientists are reviewing their past results base on newly found evidences. The contents in this popular science book are based on the main stream science publication, which were proved and acknowledged by majority of scientists. To ensure the quality and seriousness of the contents, we plan to constantly refer to the latest research results from global scientists in relative realms, and revise the contents biennially.

作者保留所有权利。
未经版权所有人书面许可，任何个人、组织不得以任何方式抄袭、复制本书中的任何部分。

COPYRIGHT © 2015, PNSO. All rights reserved. No part of this publication may be reproduced in any material form (including photocopying or storing it in any medium by electronic means and whether or not transiently or incidentally to some other use of this publication) without written permission of the copyright owner.

版权信息 Copyright

图书在版编目（CIP）数据

下一站也许更美好 / 杨杨, 赵闯编著. -- 长春：
吉林出版集团有限责任公司, 2015.6
（杨杨和赵闯的恐龙物语）
ISBN 978-7-5534-7403-8

Ⅰ.①没… Ⅱ.①杨…②赵… Ⅲ.①恐龙—青少年
读物 Ⅳ.① Q915.864-49

中国版本图书馆 CIP 数据核字 (2015) 第 093953 号

杨杨和赵闯的恐龙物语
下一站也许更美好（精装版）

文字作者：	杨 杨
绘画作者：	赵 闯
出 版 人：	齐 郁
选题策划：	齐 郁
责任编辑：	陈松田
审 读：	王 非
法律顾问：	赵亚臣
出 版：	吉林出版集团有限责任公司
发 行：	吉林出版集团青少年书刊发行有限公司
地 址：	吉林省长春市人民大街 4646 号
邮政编码：	130021
电 话：	0431-86037607 ／ 86037637
印 刷：	北京盛通印刷股份有限公司（如有印制问题，请与印厂联系）
地 址：	北京市大兴区亦庄经济技术开发区经海三路 18 号
联 系 人：	李鑫洋
联系电话：	010-67887676
版 次：	2015 年 6 月第 1 版
印 次：	2015 年 6 月第 1 次印刷
开 本：	230mm×280mm 1/12
印 张：	8
字 数：	70 千字
书 号：	ISBN 978-7-5534-7403-8
定 价：	68.00 元

版权所有 翻印必究

编辑制作：上海嘉麟杰益鸟文化传媒有限公司
北京地址：北京市朝阳区望京广泽路 2 号慧谷根园平和胡同 50 号
上海地址：上海市徐汇区漕溪北路 595 号上海电影广场 B 栋 16 楼
总 编 辑：赵雅婷／出版总监：雷蕾／文字编辑：张璐
视觉总监：沈康／美术编辑：叶秋英 刘小竹／标题书法：刘其龙
发行总监：王炳护／联系电话：010-64399123
展览总监：潘朝／邮箱：panzhao@yiniao.com

版权提供
All Rights Reserved by PNSO

PNSO
啄木鸟科学艺术小组

版权代理
Copyright Agency